蓝鹦鹉格鲁比科普故事

建筑探秘

〔瑞士〕丹尼尔·穆勒　绘　　〔瑞士〕休伯特·巴赫勒　著

罗诗　译

中国水利水电出版社
www.waterpub.com.cn
·北京·

内 容 提 要

本书是《蓝鹦鹉格鲁比科普故事》中的一本，是一本讲解建筑相关知识的少儿科普读物。在本书中，蓝鹦鹉格鲁比对住所旁边的一个工地很好奇，于是他偷偷翻过围挡，想要看看里面有什么。不料发生了一点儿意外！建筑工头乔万尼冲过去帮助了他，并带他参观工地。格鲁比了解到了房屋的建造过程，并由此开启了他的建筑世界之旅。格鲁比由此了解并学习到了建造、建筑、城市规划、城市发展和家园保护等方面的内容。本书语言通俗易懂、故事生动有趣，书中还包含一张世界著名摩天大楼巡礼图（超大对开页）和格鲁比的两个创意点子。

图书在版编目（CIP）数据

建筑探秘 /（瑞士）休伯特•巴赫勒著 ；（瑞士）丹尼尔•穆勒绘 ；罗诗译. -- 北京 : 中国水利水电出版社，2022.3
（蓝鹦鹉格鲁比科普故事）
ISBN 978-7-5226-0468-8

Ⅰ. ①建… Ⅱ. ①休… ②丹… ③罗… Ⅲ. ①建筑科学—少儿读物 Ⅳ. ①TU-49

中国版本图书馆CIP数据核字(2022)第024595号

Geschichten vom Bauen
Illustrator: Daniel Müller /Author: Hubert Bächler

Globi Verlag, Imprint Orell Füssli Verlag,
www.globi.ch

北京市版权局著作权合同登记号：图字 01-2021-7210

书　　名	**蓝鹦鹉格鲁比科普故事——建筑探秘** LAN YINGWU GELUBI KEPU GUSHI —JIANZHU TANMI
作　　者	〔瑞士〕休伯特·巴赫勒　著　　罗诗　译
绘　　者	〔瑞士〕丹尼尔·穆勒　绘
出版发行	中国水利水电出版社 （北京市海淀区玉渊潭南路1号D座　100038） 网址：www.waterpub.com.cn E-mail：sales@waterpub.com.cn 电话：（010）68367658（营销中心）
经　　售	北京科水图书销售中心（零售） 电话：（010）88383994、63202643、68545874 全国各地新华书店和相关出版物销售网点
排　　版	北京水利万物传媒有限公司
印　　刷	天津图文方嘉印刷有限公司
规　　格	180mm×260mm　16开本　6.25印张　100千字
版　　次	2022年3月第1版　2022年3月第1次印刷
定　　价	58.00元

前言

亲爱的孩子们：

我的中学位于格劳宾登州一个叫马兰斯的村庄，班上有 22 个学生，有女孩，也有男孩，有的人头发是金色或棕色，还有的人头发是黑色或红色。我们虽然各不相同，但我们都热衷于创造。我们建造了许许多多的东西，比如用积木和乐高建一座城；为我们的玩偶修建住宅；把沙子堆成广场、花园、河流和街道。我还建了一座车库，里面可以容纳我的“越野车”“卡车”和“吊车”，为此我感到非常骄傲。我和我的好朋友弗兰克在村边的灌木丛中挖了洞穴，并大胆地将树屋建在了一棵杉树上，小屋可以遮风挡雨，我们把小屋布置得舒适又温馨。

对建房的热情一直以来都流淌在人类的血液中，所以也就不难理解格鲁比为什么在一个建筑工地前停了下来，他迫切地想知道这里正在发生什么。亲爱的小读者，格鲁比将带领你们去广阔的建筑世界一探究竟。从操作挖掘机开挖土方，到驾驶吊车和水泥搅拌车建造毛坯房，以及最后木工、油漆工和铺地工完成室内装潢，你将了解到修建一座教学楼需要经过哪些步骤。建好的教学楼能为孩子们提供舒适良好的学习环境。

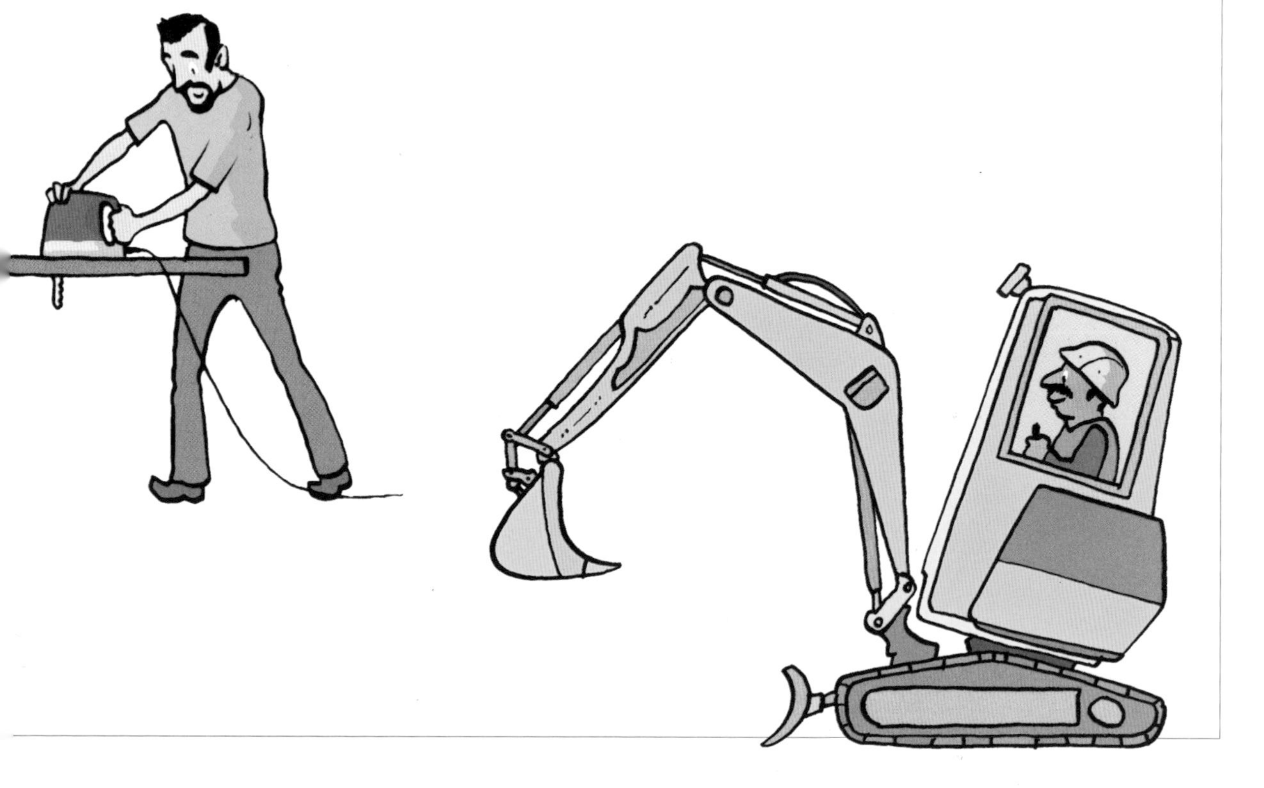

在这次探索之旅中，格鲁比将借助休伯特·巴赫勒的故事和丹尼尔·穆勒的精美插图为小读者们进行科普。建筑不仅仅意味着将一块块木板钉成木屋。人们必须规划街道、小巷和广场，思考行人和司机的出行方式，同时还要遵守建筑法规。由于参与建造的人很多，政府需要制定规则对他们进行约束，以免一些人损害另一些人的利益。简而言之，这本书不仅告诉我们如何建造房屋，还给我们讲解了城市和乡村规划等问题。

格鲁比也想成为一名建筑师，他和建筑师埃丝特成了好朋友。了解格鲁比的人知道他想要建一座高楼。我在此邀请各位小读者仔细阅读，看看哪些因素阻碍了他实践这个大胆的想法，以及建造高楼需要具备哪些条件。

柯比·甘特拜因

曾修建过森林木屋，现任瑞士建筑杂志*Hochparterre*主编。

目录

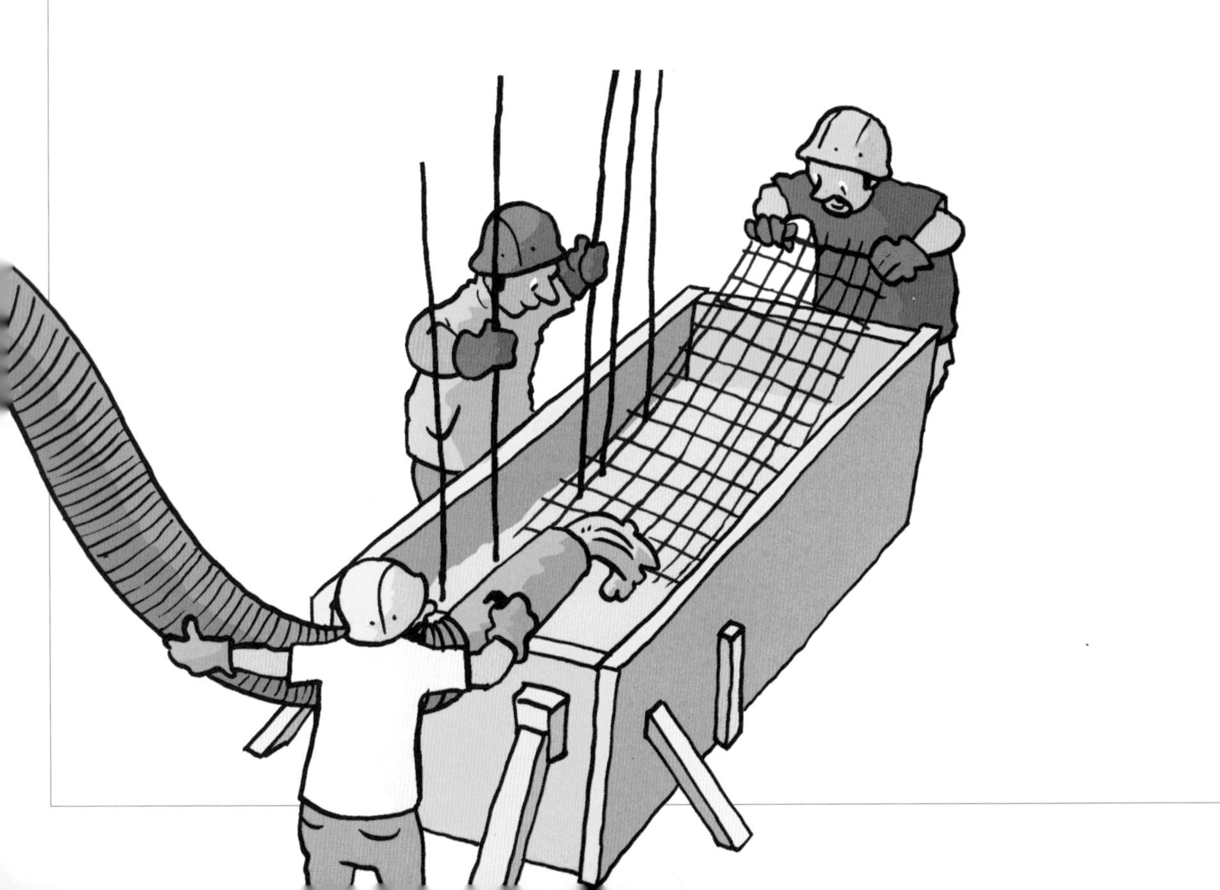

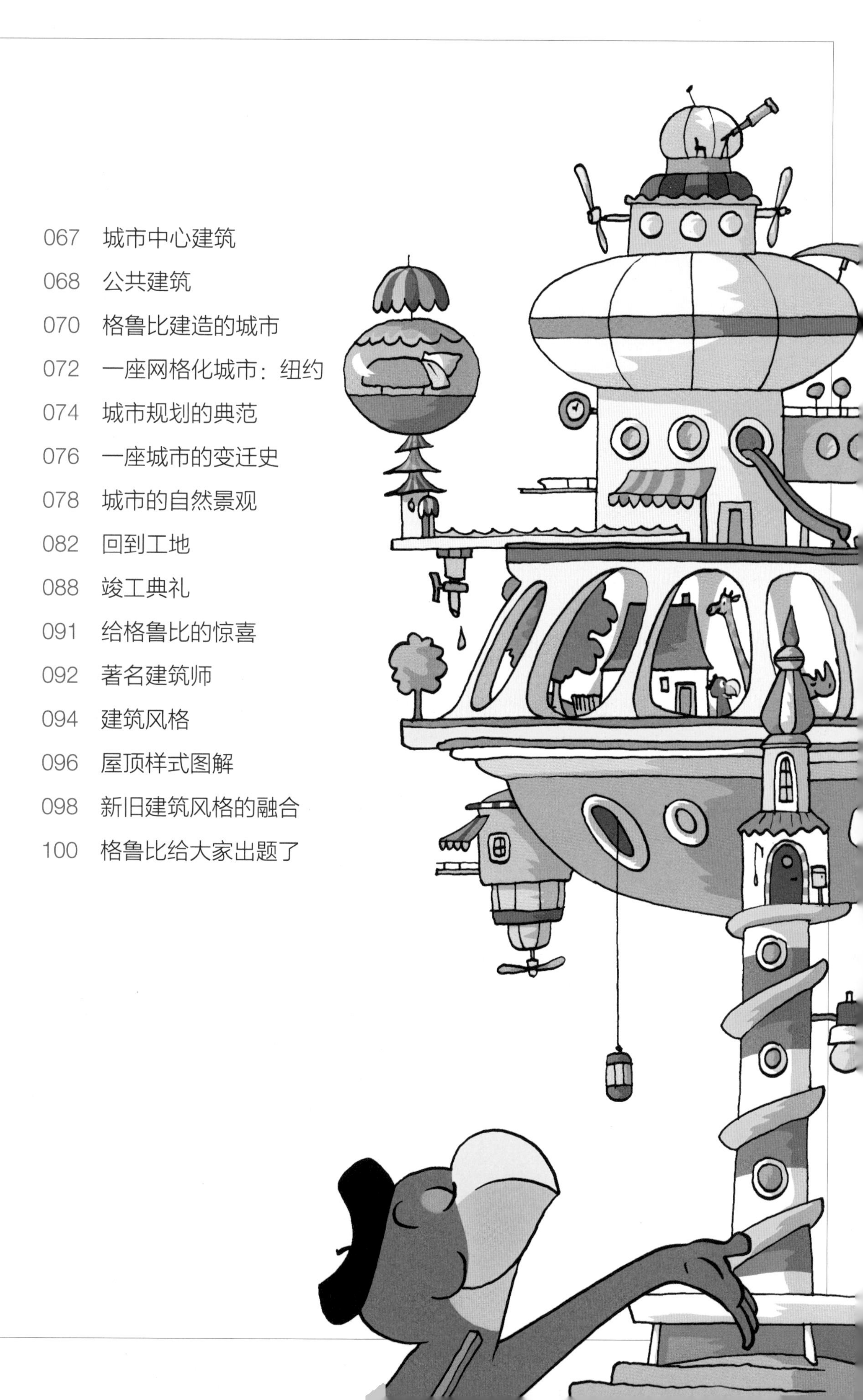

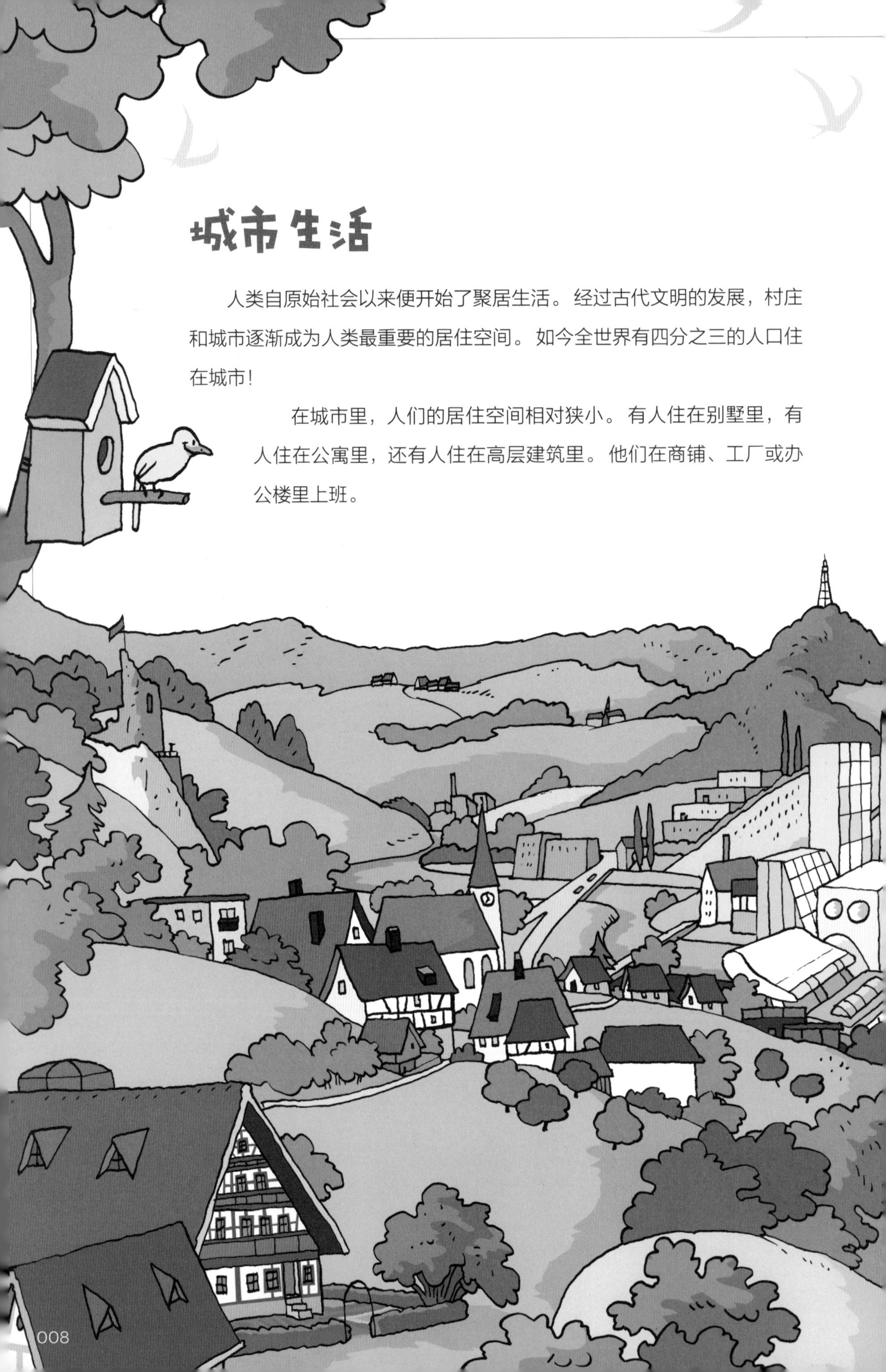

城市生活

人类自原始社会以来便开始了聚居生活。经过古代文明的发展，村庄和城市逐渐成为人类最重要的居住空间。如今全世界有四分之三的人口住在城市！

在城市里，人们的居住空间相对狭小。有人住在别墅里，有人住在公寓里，还有人住在高层建筑里。他们在商铺、工厂或办公楼里上班。

一座城市还包含火车站、医院、学校、健身中心、剧院、电影院等建筑。但城市不仅仅由建筑构成，公共空间也是其中的一部分。因此人们还修建了停车场、绿地和广场。如果一座城市依山傍水，或在河流、湖泊以及森林附近，居民还可以在那里休憩娱乐。

在城里，成千上万的人每日奔波在路上。有去上班或上学的，有购物或游泳的，有去动物园的，有在运动场锻炼身体的，也有去游乐场的，还有许多供货商每天载着货物从城里进进出出。城市生活时刻充满着喧嚣。

城市生活如此有趣，格鲁比准备对城市的产生、发展和运行以及城市的内部结构做一番研究和探索，快跟他一起来吧。

令人好奇的工地

格鲁比的住所附近正在施工。一个大型建筑工地在短时间内建了起来。好奇的格鲁比忍不住翻过围挡，打算瞅一眼工地里面都有啥。

不料格鲁比前脚刚落地，意外便发生了：他踩到一把铁锹，铁锹的另一头砸到了他的嘴。好疼！

施工经理乔万尼跑过来，扶起格鲁比。“你不识字吗？现在你知道，为什么工地禁止闯入了吧。”他嘀咕着，“这里很危险，到处都挂着警示牌。”但格鲁比的好奇心丝毫不减，他最终还是戴上安全帽，和乔万尼一同前往工地。

安全第一

工地上有许多大型机器，工人们用它们挖掘基坑，这里危险重重，所以工人们用围挡的方式把工地同周围隔离开来，以免有人因为好奇到工地上闲逛。如果工地靠近人行道和街道，还得对其进行遮盖，以保证行人安全。为了不让工地灰尘污染空气，工人甚至会将它们完全封闭起来。

工地上的工人们对这些危险都了然于心，他们身着结实的衣物，头戴安全帽，脚穿钢头鞋，可以熟练地操作机器，同时还要尽量避免事故的发生。

在过去，人们对工地的安全不如今天这样重视。而这种情况的改善要归功于工人自己，他们为劳动安全法的实施做了很多努力。

建筑基坑

“你们挖了这么大一个坑！这里准备建什么呢？”格鲁比问道。

“这里准备新修一座教学楼。”乔万尼解释道，“新教学楼可以容纳 250 个学生，包括一座体育馆以及一些必备的设施。”

工地上一片繁忙。工人们驾驶着大型挖掘机开挖基坑，他们用大锤将钢梁敲入地下，还有人从卡车上卸下建筑工具和材料。集装箱也被临时搭建成工人的活动区域和施工管理办公室。

工地上到处都在施工，各种机器发出可怕的轰鸣声。乔万尼变戏法一般从口袋里掏出一副耳塞给格鲁比戴上，格鲁比十分高兴。

他被眼前的一切震撼了：工人们是怎么知道自己的工作内容、时间和地点呢？他们最后又是如何把各自完成的部分组合起来？乔万尼领着格鲁比一路走到用集装箱搭建的办公室，在那里解答了格鲁比的疑惑。

施工管理

“良好的准备是成功的关键。对这种大型建筑工地来说尤为如此，”乔万尼说道，“工地上有上百个工人，他们分布在不同岗位，有工程师、铁工、泥瓦工、木工、电工等。我们制

定了一个施工方案，规定了不同阶段的施工流程，这样工人们就能各司其职。根据施工方案，我们招聘工人并分配任务，同时还确定了机器和材料的运输方案，以保证仓库或供应商按程序交付设备和材料，一切都要按照步骤来。有句话怎么说来着，当我们还在挖地下室的时候，修窗户是没有意义的。当然也有出差错的时候，但如果没有精心准备，这里就会变得一片混乱。”

乔万尼向格鲁比展示了他工位上的各种文件和工具。除了设计图和卷尺，电脑和手机也是施工经理必备的工具，而且建筑师、施工经理、供应商等之间的协商也非常关键。协商的内容包含施工是否按计划进行、是否存在问题以及接下来要开展哪些工作。施工经理的另一个重要的工具是施工日志，记录施工人员每天的工程进度，是否如期交货、有无超支等问题。

“由于建筑工程造价十分昂贵，我们需要对成本进行精确控制。政府为修建这所新教学楼拨款约4500万瑞士法郎。为了避免超出预算，我们必须严格控制各个环节的开销。因为工程规模庞大，每一次的工程延误都会带来巨大的经济损失。”

房子是如何建成的？

无论是修建别墅、教学楼还是其他建筑，施工步骤都大同小异。

首先要在地基上搭建框架结构，框架可以展现建筑的规模。

前期准备

在施工前应移除工地上的杂树和灌木，接着要搭建一个设备运行工作站，并修建卡车和挖掘机的通行道路，还要铺设电线和水管。

地下工程

乔万尼带格鲁比来到基坑边上并解释道："我们要为房屋提供水、电和天然气，还要接通电话、电视和互联网。这意味着要铺设地下管线和安装废水排放管道。

"工人们在基坑内浇筑牢固、厚实的混凝土底板，以此为基础修建地下室和地下停车场。此外还要在混凝土底板的基础上修建教学楼。墙作为重要的承重体和混凝土底板共同支撑着教学楼，如同双脚支撑我们的身体一样。混凝土底板应当足够厚实，以免出现房屋下陷的情况。"

毛坯房建造

乔万尼和格鲁比接着往前走。乔万尼继续说道：“你瞧，铁工和水泥工在地基中间建起了一座混凝土高台，楼梯和电梯将建在这座塔中。为了维持大楼稳定，从高台到楼层边缘的支柱之间的地面都是混凝土浇筑的。”

木工在顶楼制作木支架，屋顶工在支架上一层层搭建平顶。水泥地面浇筑完成后，泥水工便开始抹砂浆砌墙。乔万尼和格鲁比看着工人们熟练地操作。泥水工在墙上挂了一层厚垫，开始砌第二堵墙。

大楼外墙还装了隔热层，以提升房屋的保温性。接下来由木工安装门窗，防止下雨时雨水飘进房间。

上梁庆典

毛坯房建造完成后，大家会聚在一起举行上梁庆典。一名工人将一棵系有彩色丝带的小圣诞树放在屋顶。工地旁边摆放着桌子、凳子，泥水匠、电工、油漆工和木工们围坐在一起吃着烤肠，举杯同庆。“工人们接下来可以好好休息一下了。”格鲁比说道。

“你运气很好，”乔万尼说道，“他们并没有完工，还不能休息。今天是举办上梁庆典的日子。因为毛坯房顺利完工了，期间没有发生意外，大家都很高兴。建筑商为表示感谢，邀请工人们一起庆祝，这是我们的传统习俗。大家还能坐在一起庆祝真是太好了，因为这种习俗已经越来越罕见了。”格鲁比拿起一杯啤酒，一饮而尽，把杯子扔在地上，喊道：“我把美好的祝福送给这座房子，同时也祝福曾经在这里待过的人，以及即将来这里的学生和老师们。”接下来一名女士发表了讲话，她就是建筑师埃丝特。她邀请格鲁比坐在她和乔万尼对面。

今天下午大家都不用工作，他们围坐在一起，吃吃喝喝，直到太阳落山。

室内装修

现在我们已经完成了毛坯房的建造，但距离房子建好还早着呢。工人们要在水泥地上铺设不同的材料层。其中的硬质泡沫隔离板可以减弱走动产生的噪声，防止楼上的人走动时，对楼下造成干扰。地板里面还铺设了地热水管。

在冬季，热水流经水管，为整个房间供暖。

接下来还要浇筑水泥地板衬垫，最后才是铺地板。教室采用了油毡地板，过道和楼梯间铺设了水泥地板。

地板铺好以后，工人们开始安装通风管道、电线和网络线路。然后是抹灰、木工安装柜子和其他家具。接下来还要安装卫生间洗脸池、马桶和水龙头等。为了防光挡热，还要装上门窗卷帘。

室内装修的最后阶段

最后进场的是油漆工。他们给天花板、墙面、窗框和门框刷漆，完成后，专业团队将对整栋大楼进行开荒清洁，接着还要采购讲台、座椅、课桌等，最后由电工安装电脑和其他电子设备。这些工作都完成后，教学楼就可以启用了。

要完成以上步骤，当然得花上一段时间。修建一座教学楼需要约一年的时间。

在此期间，格鲁比希望更多地了解建筑相关的职业、建筑师的工作、建筑技术、建筑史和城市规划等。那么，格鲁比从中会不会产生什么灵感创意呢？我们拭目以待！

与建筑相关的职业

一个传统行业：优雅的手艺人

格鲁比感到很惊讶：在他面前站着一个高大强壮的男人，此人名叫赛文，他留着两撇小胡子，头上戴一顶黑色的宽边软呢帽，身穿一件质地粗糙的白色亚麻衬衫，外面套着一件背心，背心上配有一条挂怀表用的银色链子，背心外面还穿着一件夹克外套。背心、外套和裤子一样，都是由厚实的黑色布料制成。他的裤腿像倒立的广口花瓶一样在膝盖下散开，遮住了黑色的鞋子。他手握一根弯曲的手杖，肩膀上背着一个包。

“这身装扮像是去参加狂欢节。”格鲁比心里想着，他问赛文为什么这样打扮。“这是我的行头，我是一个木工学徒。我们这个行业由来已久，从我的服饰和工作方式上就能看出。我来自德国北部一座叫作吕贝克的城市，学徒期满后，我会从一个工地到另一个工地去四处游历打工，像中世纪的木工那样步行，偶尔也搭乘汽车。经过三年又一天的游学式打工经历，我才能成为一名手艺娴熟的木匠。当然我也可以不用花那么长时间去游历，而是在大学学习木工工程，毕竟现在已经不是中世纪了。”

“你的背心上有 8 枚纽扣，夹克上有 6 枚，这是为什么呢？”格鲁比问。“8 代表一天工作 8 小时，6 指一周工作 6 天。你瞧，我的衣服可是象征着我们为争取工作条件的改善所做的努力。”赛文摘掉外套上的一枚纽扣，把它送给格鲁比：“我们的斗争取得了成功，5 枚纽扣对我来说足够了，因为现在可是实行的 5 天工作制。”

当今的建筑职业

除了狩猎，建造房屋是人类最古老的职业。几百年来，建筑领域衍生出了各种职业，其数量是其他行业无法比拟的。如今的建筑工地越来越像一个组装工厂，在这里人们将提前加工好的零件进行组装。例如，他们将造好的卫生间和厨房通过吊车加装在毛坯房里，这样可以节约时间和成本，也不受天气影响。除了木材和砖头这类传统建筑材料，越来越多的塑料被用于墙壁、保温材料等各种建筑材料的制造。虽然新兴的建筑手段产生，但直到今天，建筑领域仍然保留着各种传统职业。

来自世界各地的专业人员在施工现场工作，为了方便交流，工人们之间通常会用惯用的意大利行话沟通。造房子的主要是男性，只有少数女性从事建筑行业。

建筑师是设计建筑的人。除了从事设计工作以外，有些建筑师还负责将设计图纸变为活生生的建筑。电脑、手机、图纸和笔等，都是建筑师的重要工具。

施工经理负责整个施工阶段的现场监督。如今的大型建筑项目通常都交给建筑公司设计实施。施工经理像一个乐队的指挥，他们根据建筑师的设计方案指导施工，包括供电、供暖、通风、照明和电气设备以及卫生设施等方案。他们还负责监督工期、工程质量和造价。他们的工作离不开手机，需要在现场协调各方。

工头是建筑工地的领导，统领工地的日常工作，并负责给建筑工人分配任务，他们还要监督工程质量和工期，平日里量尺、手机不离手。工头都有一双敏锐的眼睛和灵敏的耳朵。

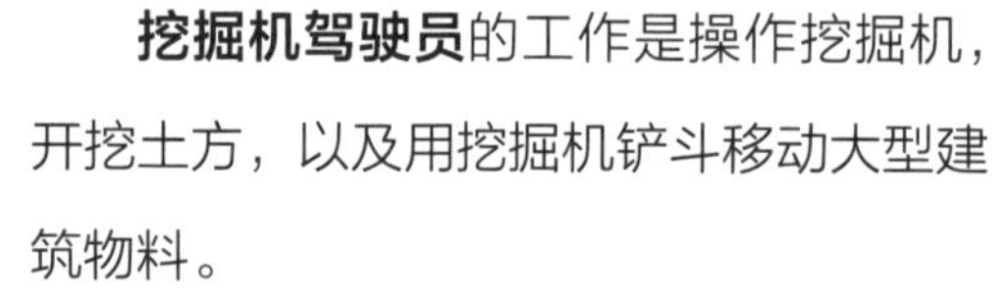

挖掘机驾驶员的工作是操作挖掘机，开挖土方，以及用挖掘机铲斗移动大型建筑物料。

吊车驾驶员的工作是操作吊车搬运工地重物。吊车的作用是将重物运送到高处。

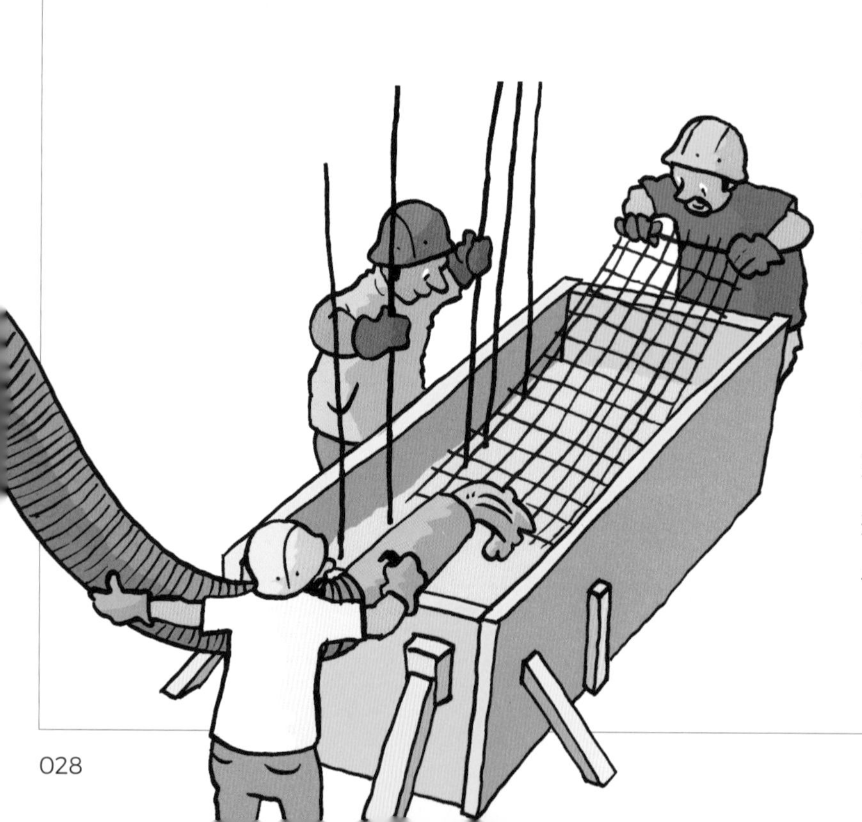

钢筋水泥工负责用木材做模板，为水泥墙和水泥地板铺设钢筋网格，然后在木制模板内浇注水泥。其工作内容还包括加工钢梁和处理混凝土，工具是水泥搅拌机、剪线钳和锤子等。

泥瓦工砌墙前要先拉线定位，再用抹刀把砂浆放在墙砖上抹平，把墙砖粘起来。他的工具有量尺和水平仪，用来测量墙壁长度和检查墙面是否平整。

脚手架工用钢管和木板在大楼周围搭建脚手架，为施工人员提供不同高度的工作台。

木工负责搭建房屋的木框架。过去木工通常在工地现场拼接木梁，今天则是用机器拼装木梁和木板，再通过吊车现场组装。

门窗装修工负责安装门窗、厨房设备和衣柜等。他的工作需要借助钻头、螺丝刀、水平仪和折叠尺等工具。

管工负责房顶、烟道、房屋立面的金属加工和安装雨水槽。他使用的工具有铁皮剪、钳子和锤子等。

房顶工用砖块或纤维水泥板搭建屋顶和平屋顶的层次构造。此外他还负责墙面施工和防水密封技术。

瓷砖工负责厨房、卫生间等墙面和地板的瓷砖和马赛克砖的铺贴。他的工具之一是一根细长的火柴，可以精确测量砖缝的宽度。

电工负责把电线安装在墙里。他还负责安装插座、电灯、开关盒和保险丝、电话、互联网等。他使用的工具有相位测试仪，用于检查线路是否有电流通过。

水管工负责安装水管、煤气管道和卫生设施，如灶台、烤箱、水槽、浴缸、洗脸盆和马桶。

采暖通风安装工负责安装各种供暖和通风设备，如加热管、散热器、通风管和通风泵等。他使用的工具是管钳。

石膏工负责给内墙和外墙抹灰，以及安装墙壁和地板的隔热层。他的工具是砂浆桶和刮板。

油漆工在建筑师的指导下将油漆进行混合调色，并粉刷房屋内部和外部墙面及天花板、门框、窗框。油漆工的工具有刷具、油漆桶和色卡。他通常也负责铺贴墙纸。

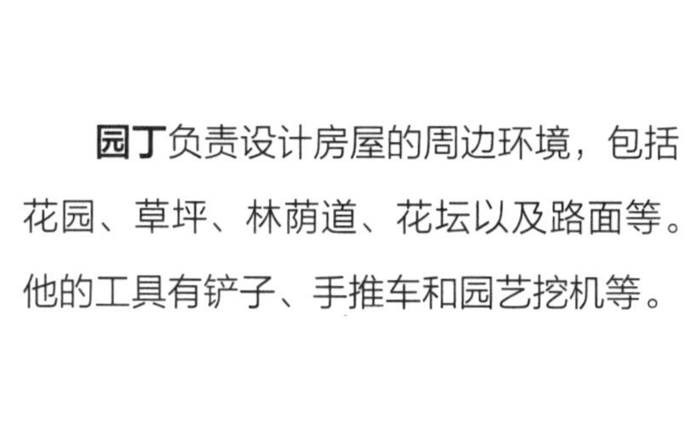

园丁负责设计房屋的周边环境，包括花园、草坪、林荫道、花坛以及路面等。他的工具有铲子、手推车和园艺挖机等。

大型建筑机器

建筑工人需要操作各式各样的机器，如挖掘机、吊车、推土机以及其他大型机器。为此工人必须学习机器操作的技能并不断积累经验。

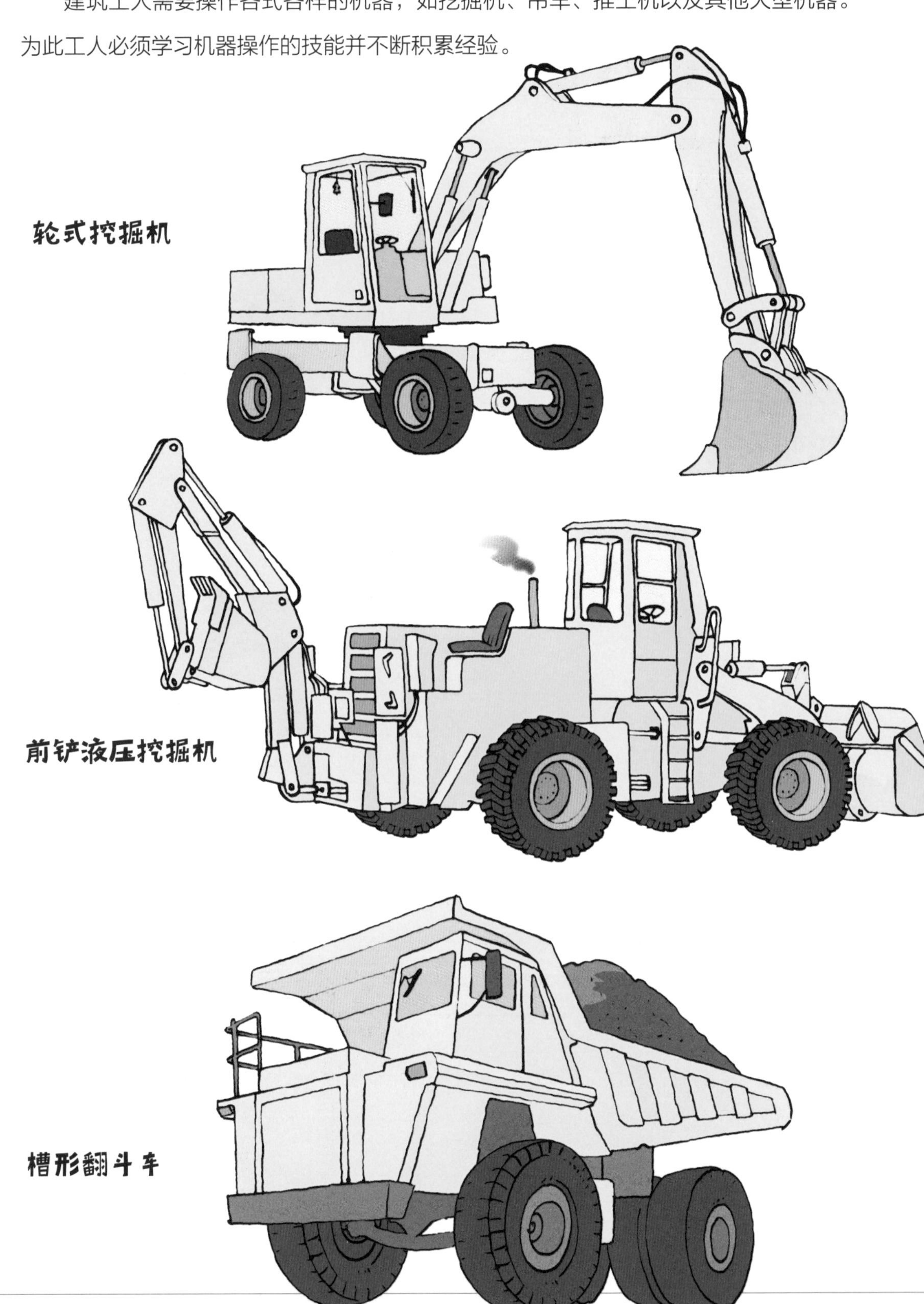

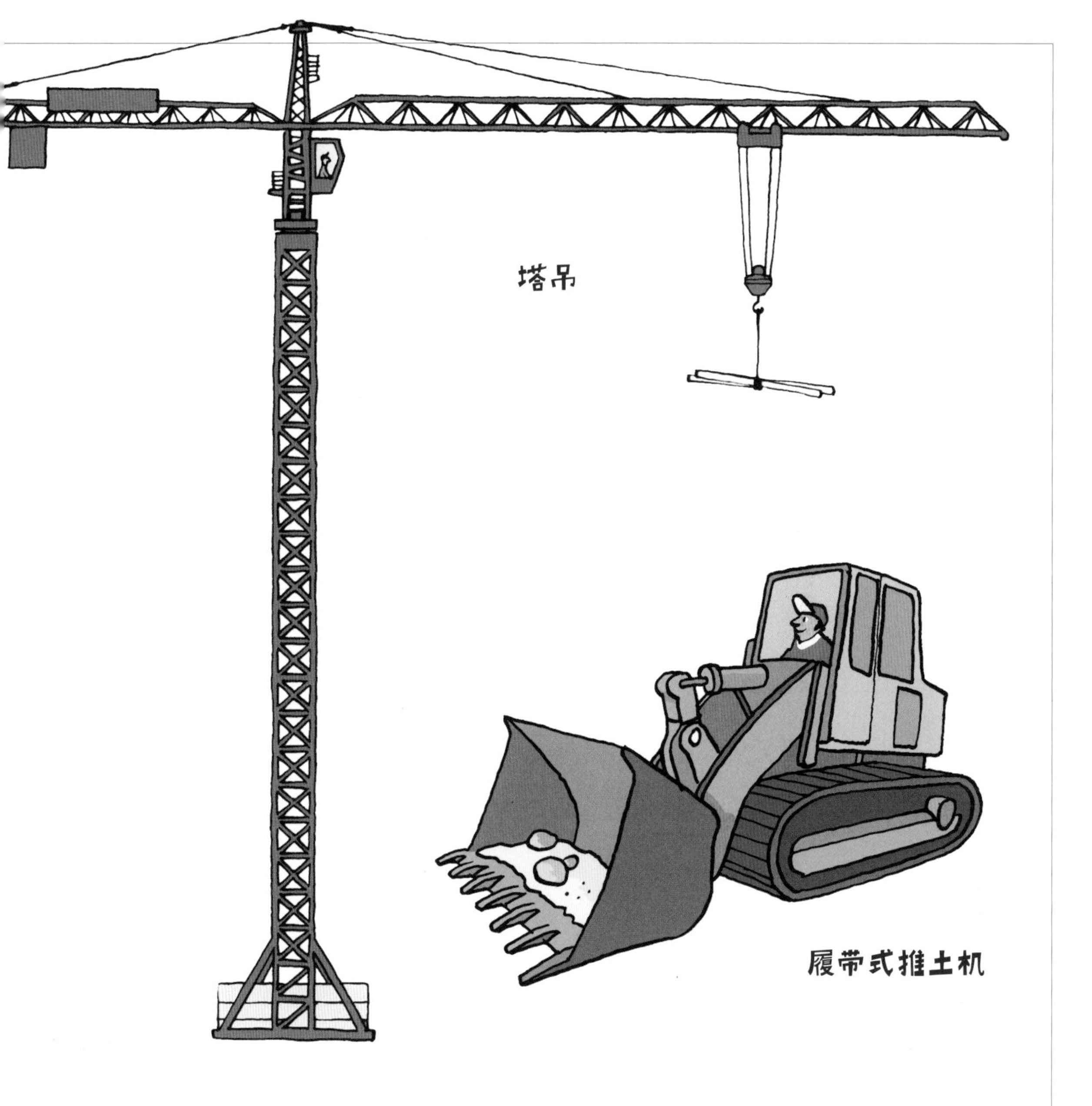
塔吊
履带式推土机

混凝土搅拌机

建筑师做些什么？

格鲁比现在知道了工地上有哪些工人，从事哪些工作。但谁是这一切的设计者，手艺人和建筑工人工作所依照的设计图又来自谁的手？为了找到答案，他来到了教学楼的设计者——建筑师埃丝特的办公室。埃丝特向他做出了解释：“在动工之前，我们会接到一份委托书。”“啊哈！所以有人委托你们建教学楼？”“不，不，没那么简单。首先，市城建局对教学楼项目进行了招标，他们邀请了几家建筑公司，这些建筑公司需要向政府展示他们的建筑理念和合适的建筑模型。为了让建筑公司更加明确政府的需求，城建局列了一张清单，详细规定了教学楼的规模和建造方式。其中包括教室数量、每间教室能够容纳的学生数以及不同功能的房间，如体育馆、阅览室、化学实验室等。清单上还规定了教学楼的工程造价。建筑公司必须按时提交他们的工程设计方案。由专家组成的评审团将对建筑公司的工程设计方案进行评估。当时有 27 家建筑公司参与了招标，而我们是幸运的那一家！因为我们的设计方案更好地考虑到了学生和教职人员的需求，因此最受评审团青睐。”“如果是我，也会选择你们，”格鲁比说道，“我喜欢这些大窗户。当孩子们觉得无聊的时候，可以看看窗外的小鸟。”

设计

埃丝特带格鲁比参观她的办公室。办公室的墙上挂着图纸和各种表格，图纸上的建筑被描绘得栩栩如生，仿佛建好了一般。桌上摆放着住宅、购物中心和厨房的模型。地板上铺着地毯，上面还有一些色卡。

办公室里，几名建筑师正在探讨方案。其中一名建筑师在看着他的设计图沉思。埃丝特解释道：“对我来说，在工作室里从事设计是整个建造最美好的部分，这也是建造的第一步。建筑师必须考虑到很多方面：建筑商的需求、房屋选址、周边的环境设计、建筑的功能和外观、工程造价等。我们还应知道需要遵守哪些法律和规定，例如法律对建筑物的高度和宽度有什么要求、建筑应当遵守哪些能源条例、如何使房屋能更好地满足残障人士的需求。设计意味着良好的沟通与合作，设计也需要一个人专注地构思。对我而言，设计最棒的部分在于用艺术的方式呈现即将建成的房屋形态和房间。在这个过程中，我需要调动全部经验以及学到的知识。”

格鲁比不禁发出感慨，这一切对他而言有些难以理解。埃丝特兴致盎然地继续说道：“在设计时，我试着运用在大学里面学到的知识，让建筑尽可能满足一切条件、要求和愿望。房屋应当兼顾实用性和艺术性，如果做到了这一点，不仅可以让建筑商和住户满意，对我来说也是一件值得高兴的事。”

手绘设计图

设计图是展示建筑师设计理念的手绘图纸。它不仅可以帮助建筑师思考，也能让相关人员对建筑有个具体印象。

设计图呈现的是建筑的细节。图纸对建筑商来说非常重要，每一个委托人都希望知道他未来房屋的外观。除了图纸，建筑模型也能很好地展示建筑。这些“迷你房屋”大都由纸板制成。

设计图是一种技术性图纸，除了展示建筑细节，还标有尺寸等信息。譬如泥瓦工可以从中读出墙壁的高度和长度，而电工可以找到电线和插座的安装位置。简而言之，针对每个工人都有对应的图纸。

设计图还包含了一些细节，例如楼梯间、窗户的细节图。

平面图是展示房间规模及布置的俯视线条图。每一层都有一张平面图，如果将所有平面图叠加起来，就能得到整座房屋的结构。

剖面图是指从特定点穿过建筑的横切面图，可以展示房屋的结构。

立面图展示了房屋的外立面。

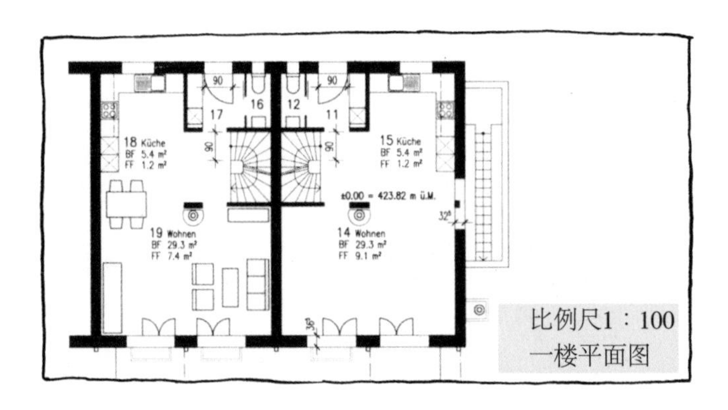

专业设计图采用标准化绘制，可供设计师和工人阅览。木墙用阴影线绘制，混凝土墙用双线表示。门窗、洗脸池、马桶、灶台等都使用特定符号。设计图的度量单位采用厘米和毫米。

比例尺

一张纸当然无法装下整座房屋。图纸展现的是缩小后的建筑。比例尺是指设计图上建筑缩小后的长度与实际长度之比。1 ： 100 代表图纸上的长度是实际长度的百分之一。一米的距离在图纸上就是一厘米。常见的比例尺有 1 ： 100 和 1 ： 50，而绘制房屋细节时通常采用 1 ： 10 或 1 ： 5 的比例尺，一部分图纸甚至采用 1 ： 2 或者 1 ： 1，后者说明图纸上建筑物的大小跟实物完全一致。

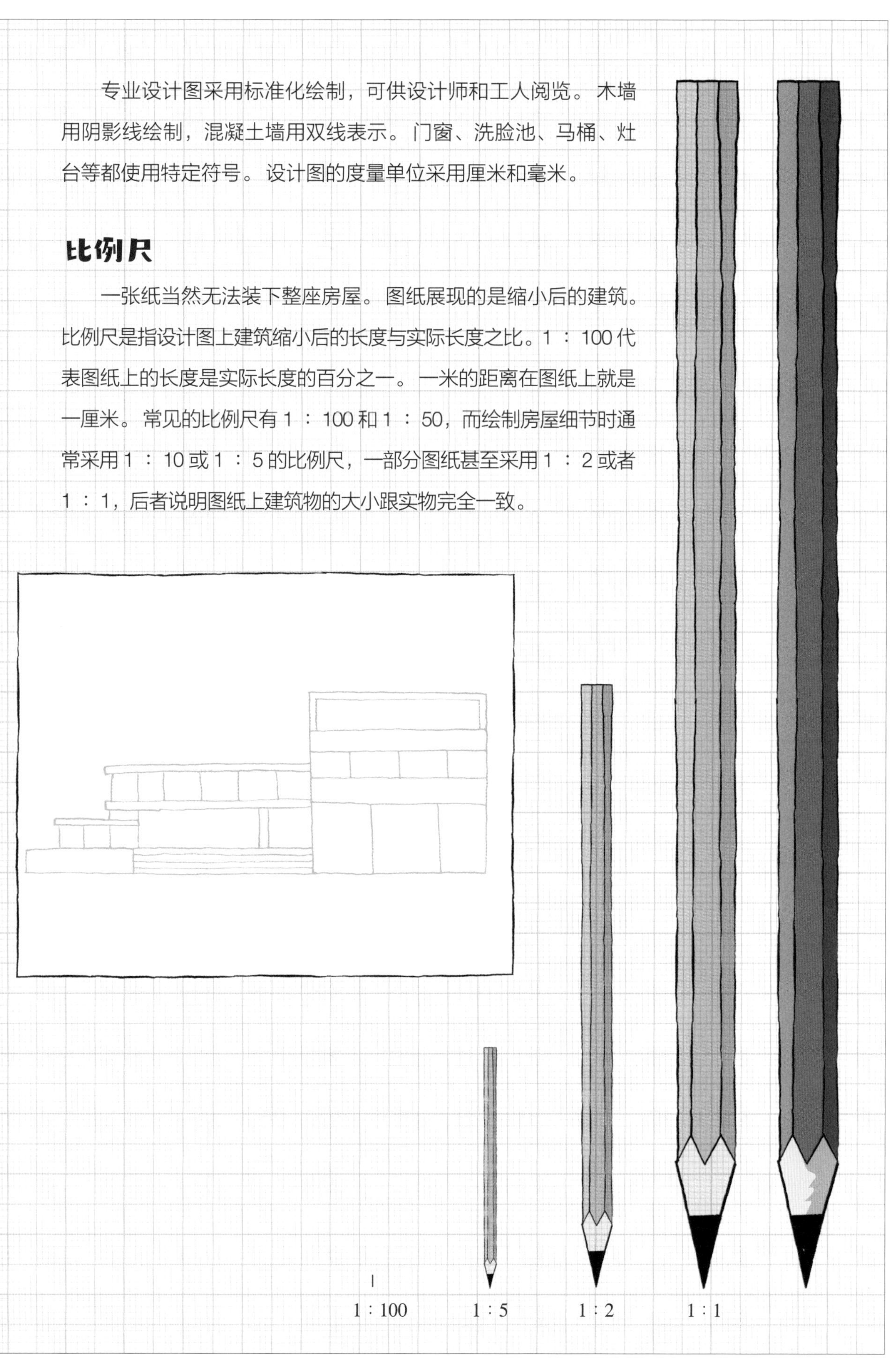

电脑虚拟房屋

和其他职业一样，电脑也是建筑师必备的工具。过去的图纸由技术人员花费大量时间手绘而成，现在的建筑师通常用电脑绘图。绘图需要使用的软件是 CAD，即计算机辅助设计。电脑只是工具，设计理念则来自建筑师。

建筑师也可以用电脑画草图或设计图。这类效果图上的建筑看上去如同相机照出来的一样。视频可以更好地展示建筑，只须点击鼠标，就能在虚拟模式下参观房屋。

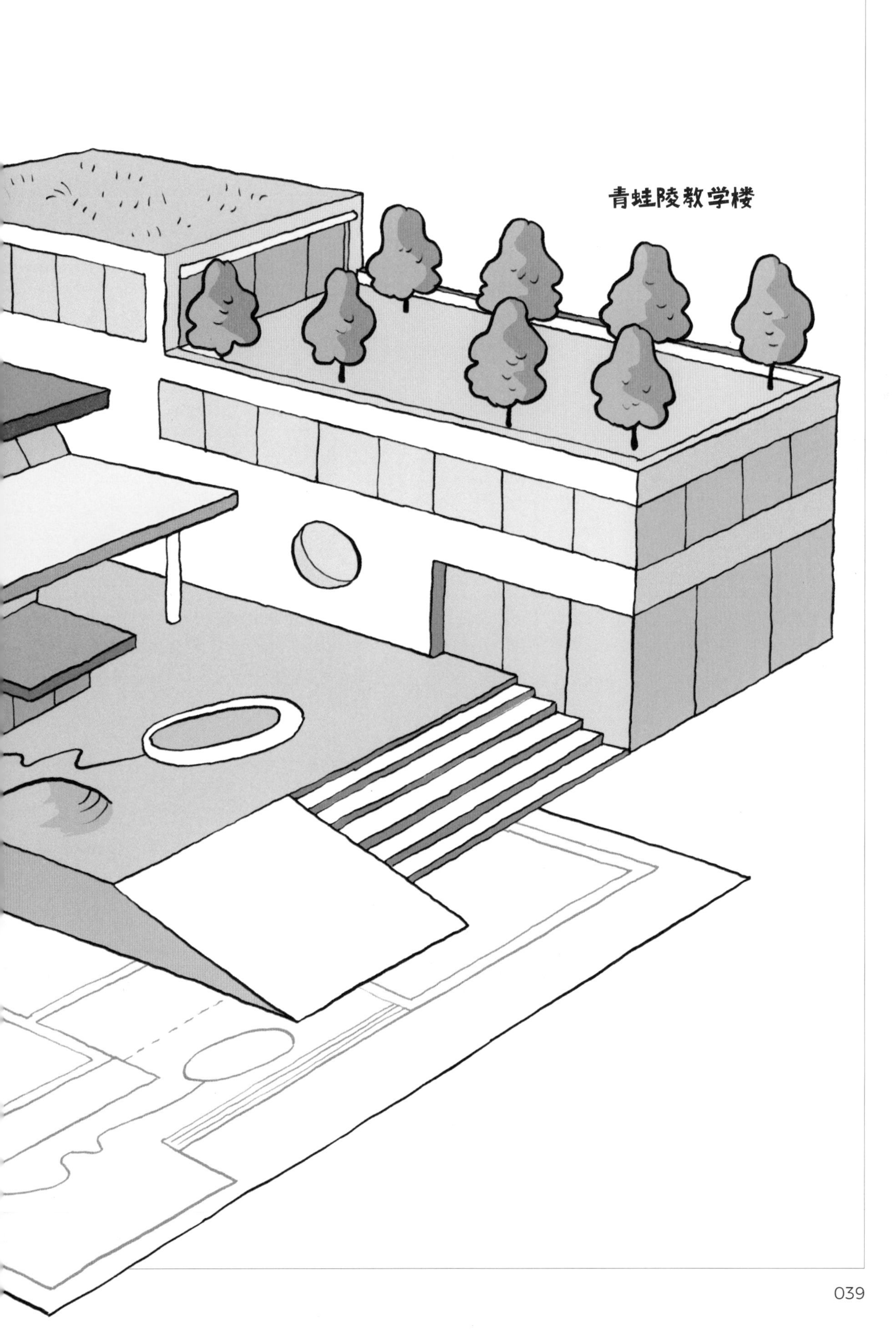
青蛙陵教学楼

人人都有一个高楼梦

格鲁比想知道如何建造高楼，如何把楼建得更高。他不是唯一一个，也不是第一个对这个问题感兴趣的。

巴别塔或许是人类修建的第一座高塔，它的塔尖高耸入云；

中世纪的人们修建了教堂塔楼和瞭望塔（瞭望塔是城堡或城墙的一部分）；

高层住宅在很久以前也出现了。大约 150 年前，10 层以上的楼房还非常罕见。电梯发明后，人们才开始把楼建得更高，毕竟爬楼梯对住户来说也是一件辛苦的事。

各式各样的塔楼

住宅塔楼、水塔、教堂塔楼……世界上各种各样用途不同的高楼。

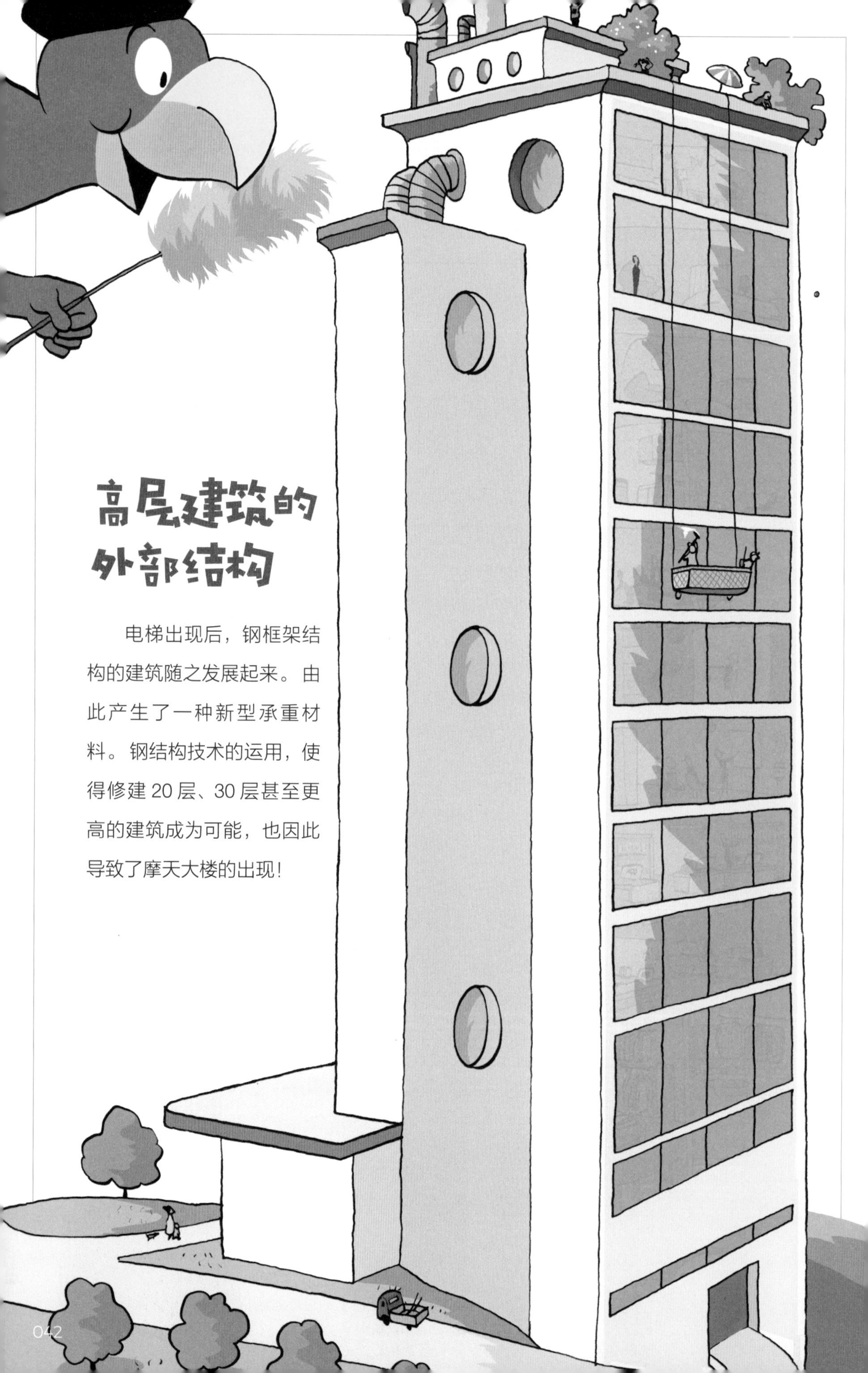

高层建筑的外部结构

电梯出现后，钢框架结构的建筑随之发展起来。由此产生了一种新型承重材料。钢结构技术的运用，使得修建 20 层、30 层甚至更高的建筑成为可能，也因此导致了摩天大楼的出现！

高层建筑的配套设施

在修建高层建筑时，不仅承重结构是一项重大挑战，其配套设施也应满足各种复杂要求。例如水管必须配备水泵，才能保证高层的供水需求。

同样地，还应保证高层的供电、供暖和废水排放等需求。由于高层建筑的住户数量较多，需要配备多部电梯。上述设施都位于大楼的一个特殊区域里，即所谓的立管区。

格鲁比大厦

格鲁比在埃丝特和她的同事那里了解到了很多和建筑相关的职业。他一到家便迫不及待地抓起纸和笔，想要亲笔绘制设计草图。他想为自己和朋友们以及各种动植物设计一栋用于居住和娱乐的大楼。在经过几天的构思、设计和试验后，他对自己的作品十分满意，包括阳台和露台的设计。但他最喜欢的还是大楼门前的草坪阶梯，这里是人们休闲玩乐或者午间小憩的绝佳场所。

格鲁比的“创意”设计

前期准备工作完成后，格鲁比向埃丝特展示了他制作的模型。她会喜欢这个模型吗？

静力学

格鲁比向埃丝特和她的同事们介绍了他的设计草图，大家听得兴致勃勃。遗憾的是，这座高楼无法被造出来。

埃丝特向格鲁比解释道：“你的模型必须要恰到好处地维持平衡。如果我们要修一座一模一样的大楼，它的阳台和马厩很快就会倒塌，整栋楼无法长期保持直立。”

“打好地基非常重要。一栋高楼要稳，必须有牢固的地基和承重结构，这样才能为它提供支撑。为了打好基础，我们必须进行复杂的计算。负责计算的是土木工程师。”

一座房屋能够直立，需要考虑房屋自身的重量以及屋内设施和人员的重量，这就要求我们计算出房屋的静力。土木工程师需要解答三个问题：建筑材料的总重量是多少？房屋的宽、高是多少？有哪些压力作用于房屋？他需要计算不同压力的相互作用，还必须考虑到屋内设施和人员的重量，以及冬季积雪的重量；

如果遇到暴风雪天气，风雪会对房屋的外立面产生巨大压力。在这种情况下也要保证房屋不会倾斜；

土木工程师还必须测试地震是否会引发房屋倒塌。

以上是土木工程师在做静力计算时必须考虑的问题，由此计算出墙壁和地板的厚度，支撑点的位置以及建造方式。

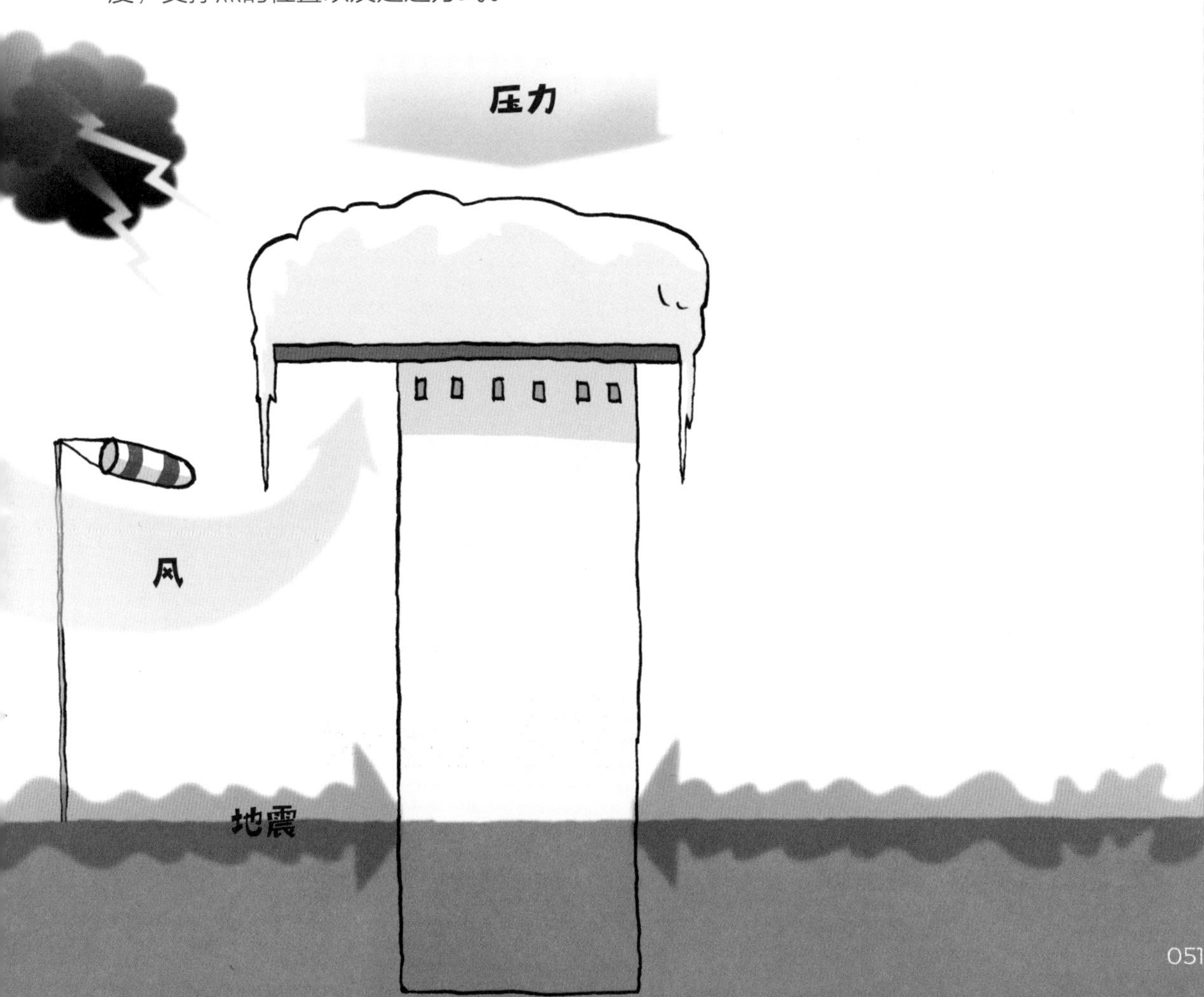

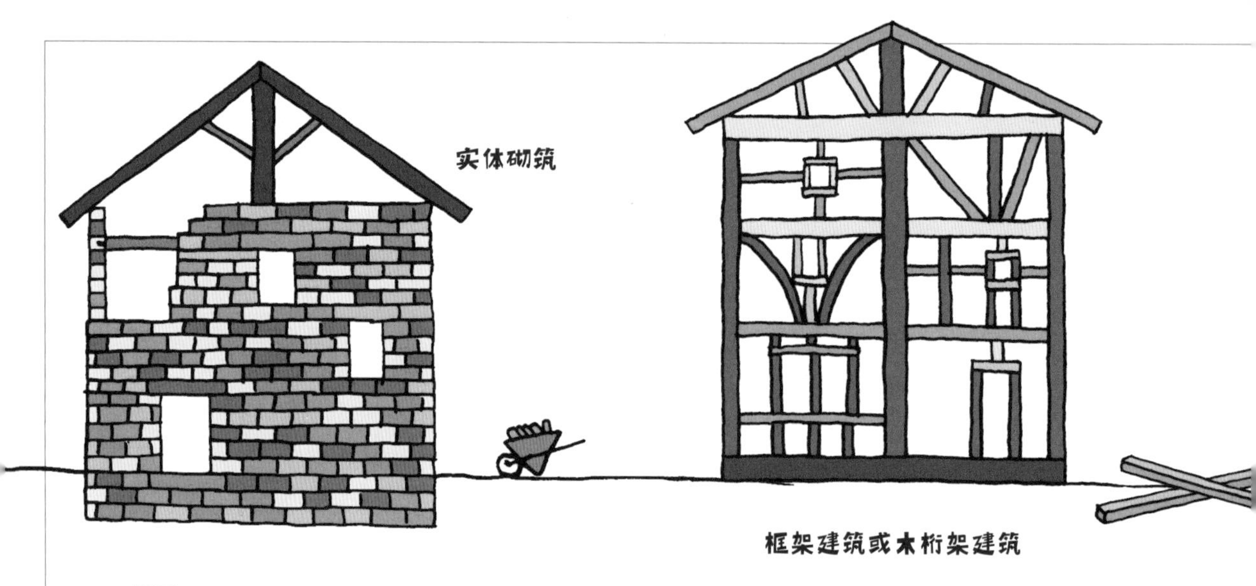

承重结构

房屋按照承重结构类型分为实体砌筑、框架建筑和平面承重建筑等。实体砌筑由墙壁和屋顶承重，如砖房或乐高玩具屋。框架建筑是指房屋由一个架构承重，类似人体的骨骼，架构支撑着整座房屋。在架构内搭建外墙、内墙并铺设地板。

框架建筑有两种形式：一种是木桁架建筑，其木架由柱基、横梁和竖梁构成。木架中间用砖瓦和石头填充。一个典型的例子便是半木结构房屋，在农村和老城区还能经常看见这类房屋。

另一种是现代建筑中采用的钢材和玻璃框架结构。在平面结构建筑中，人们用吊车将混凝土板和窗格板组合起来，作为房屋的承重结构。桥梁也可采用木桁架承重。

平面承重建筑

建筑材料

当今建筑师可采用的建筑材料种类繁多，让人眼花缭乱。选择什么样的建筑材料对建筑的外观起着重要作用。

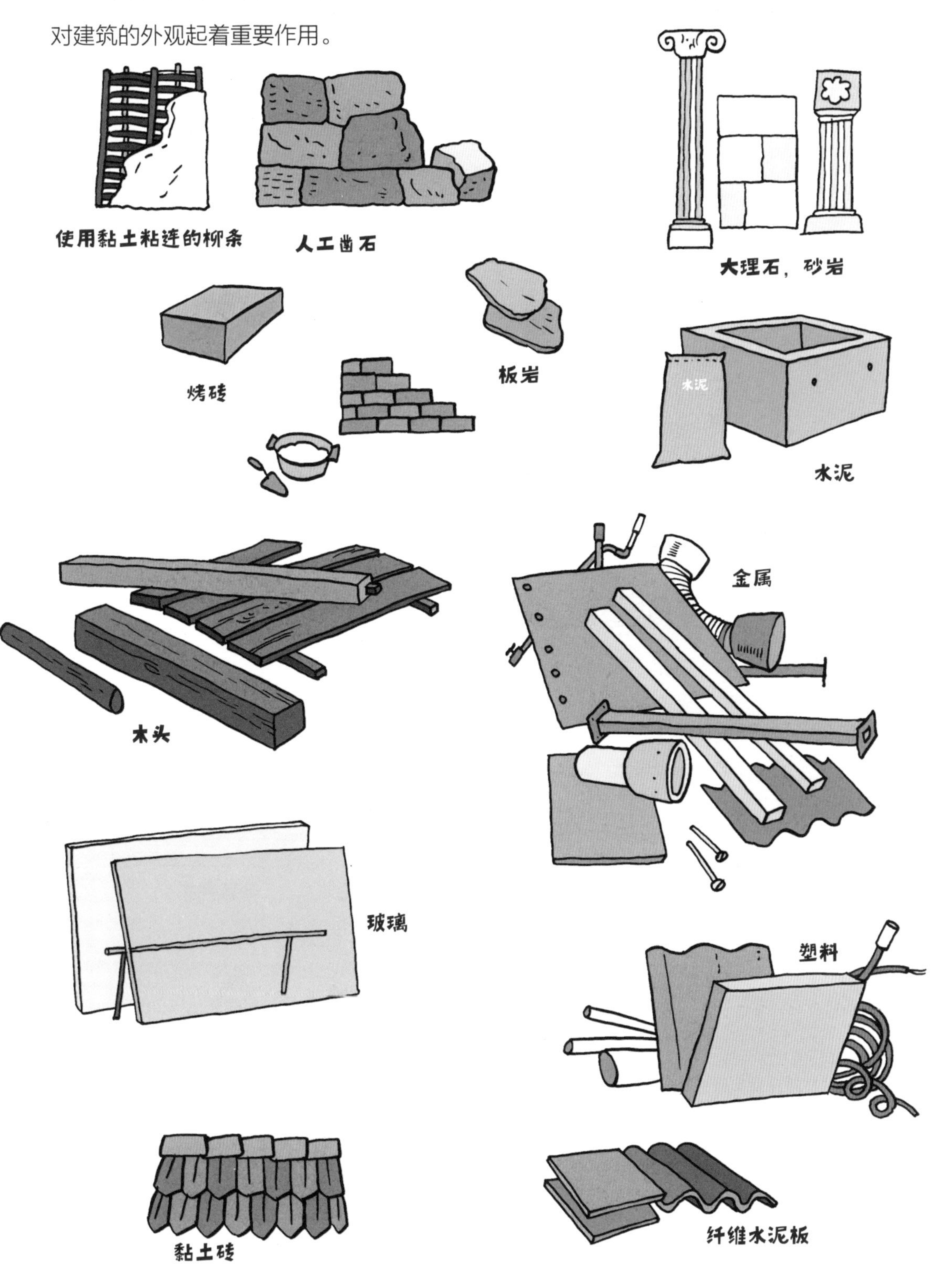

建筑材料的应用

自古以来，人们就使用木头造房子。他们在水边或水面上搭建木桩，在木桩上修建一层或两层高的高跷屋。使用相同建筑材料的还有今天的棚屋或块形木屋。

同样很早用于建造的还有人工凿石、砖和瓦板等，它们也被大量用于修建城市和住宅。

钢、混凝土、平板玻璃等新型建筑材料的出现使得人们得以建造一些以前从未听闻过的建筑。使用新型建筑材料的钢结构可用于大型建筑的修建。一些超高建筑的大厅只需少数钢结构横梁支撑就可以很稳固。

哥特式教堂

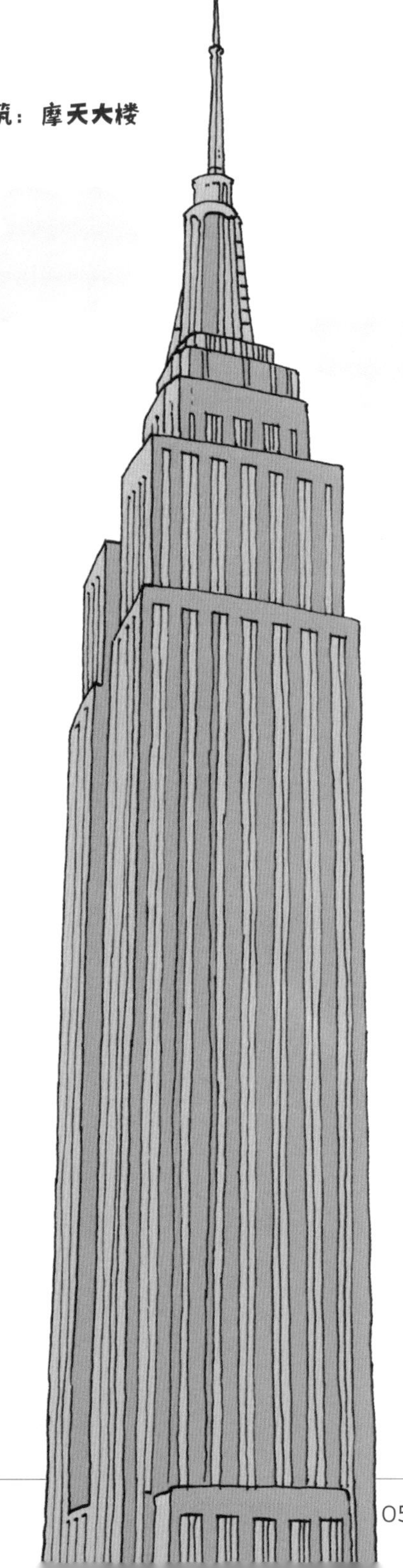

钢结构建筑：摩天大楼

钢结构建筑：拱形穹顶

现代建筑的典范

建筑管理机构

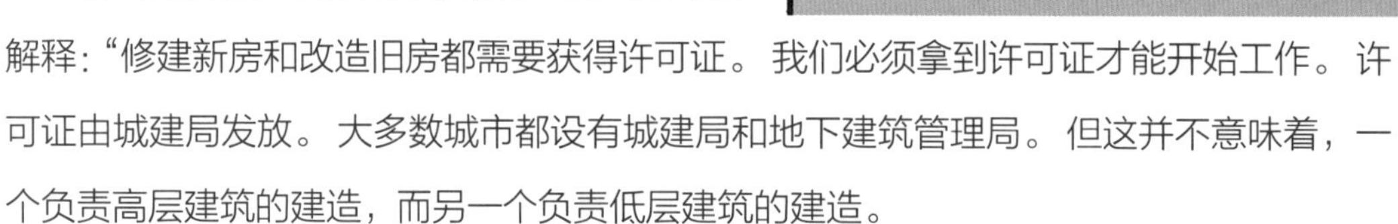

格鲁比想建一座格鲁比大厦。埃丝特向他解释："修建新房和改造旧房都需要获得许可证。我们必须拿到许可证才能开始工作。许可证由城建局发放。大多数城市都设有城建局和地下建筑管理局。但这并不意味着，一个负责高层建筑的建造，而另一个负责低层建筑的建造。

"地下建筑管理局负责管控修建地下广场、街道和电线、电话线、水管、下水道等设施，城建局则负责市内所有建筑。

"雷古拉能告诉你更多信息。她是城建局局长，她和设计师、建筑师、工程师要保证所有建筑都符合建筑法规定。如果符合相关要求，城建局就可以发放许可证。"

格鲁比当然也希望拿到建造许可证。他去了雷古拉的办公室，向她阐述了他的设计方案。雷古拉仔细研究了设计图，还在不懂之处提问。

“你知道吗，”她解释道，“城市意味着有房屋，有街道，有人……如果有人要建房子，必须考虑到是否会影响到其他人。不能因为造房可以赚钱，就损害其他人的利益。各个地方都有相应的建筑法律，法律规定了房屋的高度、深度、宽度以及与周围房屋的距离，还有墙壁、屋顶、隔离层的厚度等。”

“这些规则都是你制定的吗？”格鲁比惊叹着问道。“不，建筑法由政府制定，我要做的是监督建筑商和建筑师是否遵守规定。你要建的高楼需要消耗大量能源，并且没有地下停车场。只有解决了这些问题，才能获得建造许可证。”

“唉，建造许可证真是门学问！我对法律和规定可是一窍不通！”格鲁比喊道。埃

丝特对此表示同意：“没错，申请许可证的流程非常复杂。只有理解了整个法律框架的基础，才能更好地应对。这本来是一件非常简单的事情：建筑应该是社会可接受的，国家为此制定了法规。”

城市规划

城区规划

雷古拉让格鲁比去找她的同事梅汀。梅汀是城市规划师，他可以告诉格鲁比修建大厦对城市来说是否利大于弊。

“你现在已经知道了，你要建的楼有哪些不符合建筑法的地方，”他向格鲁比解释道，“这不仅仅是造一座房那么简单。每一座房屋都会改变城市，所以我们要先对城市进行规划，居民楼应当建在哪儿，哪些地方可以修建工厂、办公楼、酒店，哪些地方不可以，这一点非常重要。这叫城区规划。和建筑法一样，也需要经过市民同意。”“我希望把格鲁比大厦建在教学楼旁边。”格鲁比说。

“这可不行，”梅汀提醒他，“法律规定教学楼区的房屋不得超过四层。高层建筑区在城市的另一头。”

梅汀解释道："把整座城市设想成一座包含不同功能房间的屋子：客厅的功能是吃饭、娱乐、看电视或阅读，卧室用来睡觉，厨房用来做饭……城市也一样：一些区域用来居住；一些区域主要是用于办公或开展商业活动；还有一些城区包含了许多电影院和饭店，可供人们消遣娱乐……所有这些区域以相互融合或交叉的形式存在。城区规划是为了保存乃至强化现有的城区特性。"

建筑文物和家园保护

梅汀向格鲁比展示了一本老城风光相册。“看到这座城市发生了哪些变化吗？这里修建了很多新建筑，新大楼取代了以前的老房子，还出现了很多新的城区，我们对一些城区进行了改造。对于老建筑，我们没有马上拆除，因为拆除就失去了时代的见证者，所以政府成立了文物保护局。他们列了一张清单，包含了一些有特殊价值的建筑，我们要对这类建筑进行维护。这其中可能包含旧农舍，也可能有火车站、工厂或住宅楼。如果一座房屋被列为文物保护对象，就不能被拆除，也不能被随意改造和翻修，这样做是为了保存它们的历史价值。”

除了保护建筑文物，还要致力于保存和维护特色建筑、广场或城市景观，促进新建筑与城市或农村景观的融合，推动创意性的建筑项目。

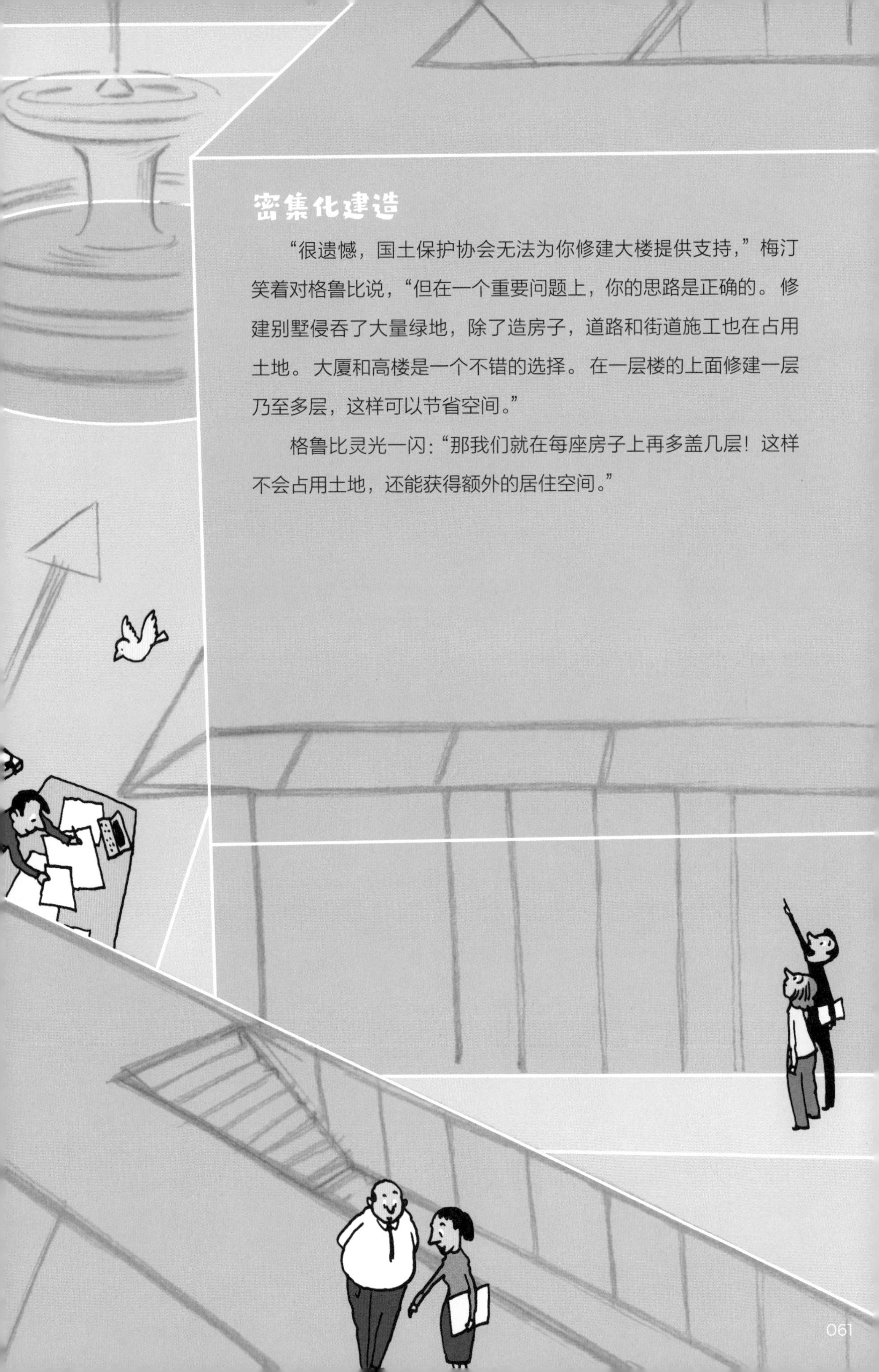

密集化建造

“很遗憾，国土保护协会无法为你修建大楼提供支持，”梅汀笑着对格鲁比说，“但在一个重要问题上，你的思路是正确的。修建别墅侵吞了大量绿地，除了造房子，道路和街道施工也在占用土地。大厦和高楼是一个不错的选择。在一层楼的上面修建一层乃至多层，这样可以节省空间。”

格鲁比灵光一闪：“那我们就在每座房子上再多盖几层！这样不会占用土地，还能获得额外的居住空间。”

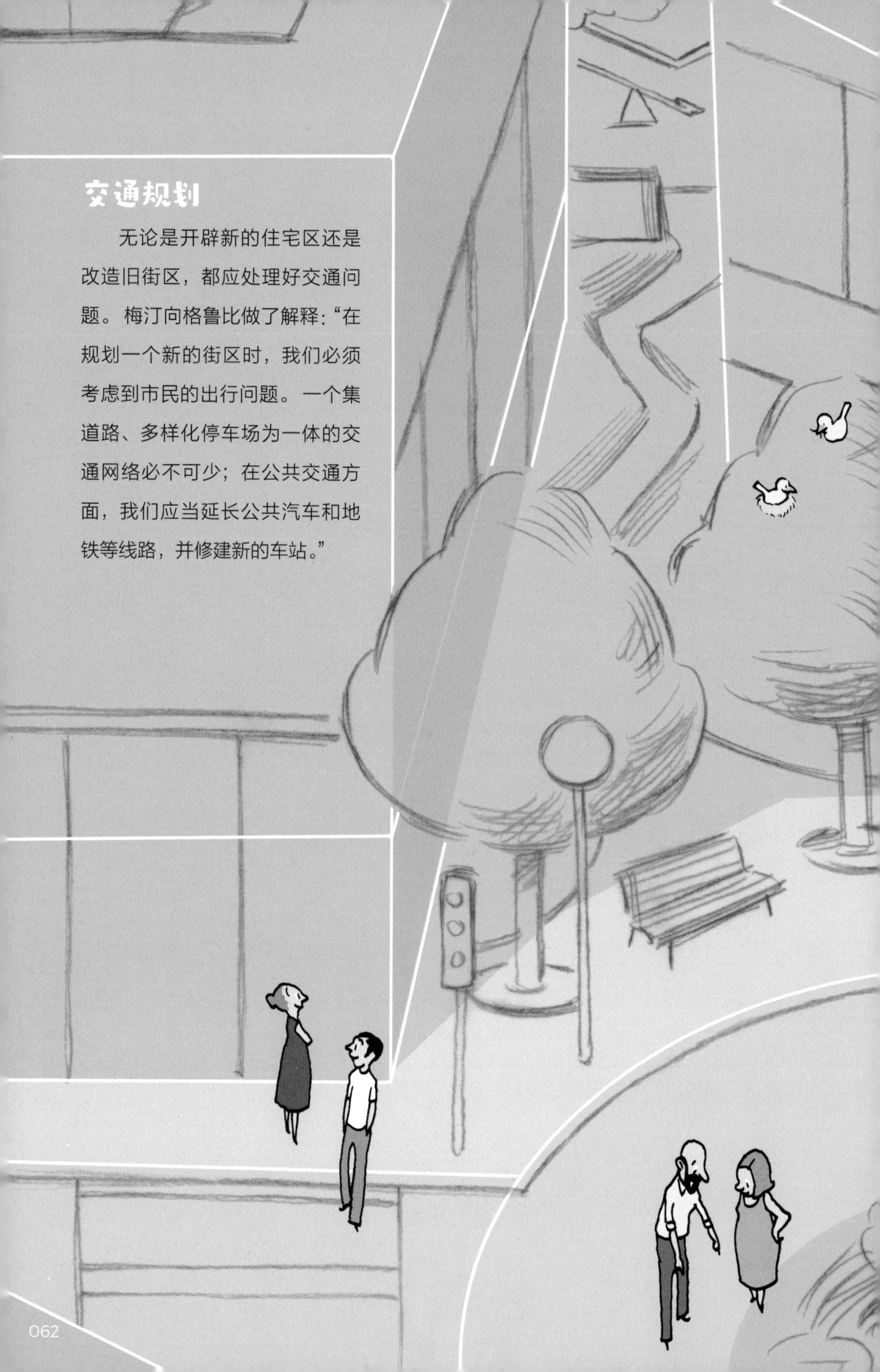

交通规划

无论是开辟新的住宅区还是改造旧街区，都应处理好交通问题。梅汀向格鲁比做了解释："在规划一个新的街区时，我们必须考虑到市民的出行问题。一个集道路、多样化停车场为一体的交通网络必不可少；在公共交通方面，我们应当延长公共汽车和地铁等线路，并修建新的车站。"

“我们还必须考虑到行人。步行是一种便捷和低成本的出行方式，人们在走路的时候还可以观察周围的环境，所以我们必须保证人行道的安全性。”格鲁比说。“你说的没错。”梅汀继续说，“行人在交通网络中扮演着重要角色，必须为他们留出空间。如果所有交通工具都能有条不紊地通行，并且没有堵车，没有交通事故发生，这就表明我们的交通规划是成功的。在设计孩子上学的线路时，我们尤其要保证道路安全，并确保路标清晰。”

公共空间规划

“我给你讲的城市规划还缺了一个重要元素，你知道是什么吗？”梅汀问道。格鲁比仔细研究了一遍梅汀的城市规划图，表示没有头绪。

“住宅、教学楼、商业区、街道、自行车道、人行道……应该齐了吧？不对，等一下！树、草坪、花！我们忘记大自然了！”他喊道。“没错，城市必须给自然留出位置，所以景观建筑师和园林局也要参与城市规划。”梅汀回答。

体育馆
购物广场
酒店
撒迪特
旅馆
啤酒花园
医院

城市中心建筑

格鲁比和梅汀步行至一个露台上，从那里俯瞰整座城市。现在格鲁比已经了解到了城市里的各式建筑。除了住宅和商业楼，还有很多面向公众开放的建筑，它们的功能也不尽相同。

这些建筑对城市和城市周边的居民来说非常重要。除了提供购物场所，也让城市成了一个地区的地理中心。它们往往修建得十分气派，还有一些特殊的配套设施。

公共建筑

市政府和行政部门位于市政厅和各种官方机构。法院是伸张正义的地方。邮局、电信局和其他大型企业的总部也在城市里。

城市是一个地方的交通枢纽。这一点从当地的大型火车站就可以看出。城际列车、高速列车、长途汽车等定时从车站驶向全国各地。乘坐这些交通工具，人们可以发掘城市有趣的一面。

许多城市都设有高等院校，这里汇集了来自全国各地的学生。

医院是给病人治病的地方，养老院负责护理年迈的老人。这类设施要尽可能建在居民区附近。

城市还有一些文化、运动和娱乐设施：艺术馆和博物馆里收藏着有价值的文物；歌剧院、音乐厅、戏剧院和电影院为人们提供丰富多彩的娱乐方式；最吸引市民前往的莫过于大型体育馆举办的运动赛事。

格鲁比建造的城市

在结束工地探访和与建筑师、城市规划师以及政府工作人员的交谈后，格鲁比收获颇丰，他想做点儿什么。除了盖高楼，格鲁比现在还想建造一座城市！他能做到吗？

万事开头难。格鲁比必须考虑到诸多问题：他想建一座什么样的城市？城里有哪些建筑？如何规划道路？广场和大型公园应建在哪里？如何实现公共交通和车站的相互连接？格鲁比得好好思考一下。

他想到了一个绝妙的主意：找来一个棋盘，摆放好建筑模型，又在上面画了街道和广场，这就构成了城市景观。位于棋盘中心的是高楼遍布的商业区：街上有餐馆、商店、一家剧院、一座火车站、一个音乐厅和一家青年旅舍，格鲁比甚至还想到了建一家博物馆。他在周边规划了带游乐场、运动场、幼儿园和中学的住宅区，同时他也没有忘记公共空间，还规划了大型公园和绿地。

格鲁比规划的所有街道都呈直角排列，便于交通管理。格鲁比为了出行便利，还画了公交和地铁线路。他兴奋地说道："真是智能化的交通系统啊！"

他立刻去了埃丝特那里，向她展示了设计模型。

一座网格化城市：纽约

埃丝特非常喜欢格鲁比大厦，她也很喜欢格鲁比设计的棋盘城市，但她不得不承认，格鲁比并不是第一个有这种想法的人。埃丝特向他展示了类似的城市图片，说道：“其实几千年前就有了棋盘式的城市模式，直到今天，人们都在使用这种网格设计。在欧洲，网格城市较为少见，因为大部分城市都是由从前的聚居点发展而来。

“但也有特例，瑞士的拉夏德芳市在 1974 年被一场大火几乎烧毁。人们在重建这座城市时就采用了直角结构的网格模式。德国的曼海姆市同样采取了这类模式。”

“著名的网格化大城市大都出现在北美洲和南美洲。最为有名的恐怕就是建于 17 ~ 18 世纪的纽约市了。它的街道和街区的位置从一开始就被规划好了，几年以后才开始建房屋。”

城市规划的典范

还有一些提前规划好的非直角型网格化城市，巴西利亚和昌迪加尔便是两个有名的例子。

位于印度的昌迪加尔始建于 20 世纪 50 年代。挑起设计大梁的是同时期的著名建筑师勒·柯布西耶。他认为直角并非万事万物的标准，球形、弧形也可作为重要的图形。这一点从他设计的位于昌迪加尔的大型公共建筑就能看出。

作为巴西 1960 年后的新首都，巴西利亚横空出世。城市规划师卢西奥·科斯塔和建筑师奥斯卡·尼迈耶共同设计了这座百万人口城市。从上空俯瞰，巴西利亚市中心形如一只大鸟，实则象征一个十字架，在茫茫旷野中为这座城市做出标记。

一座城市的变迁史

大多数欧洲城市没有经过设计，而是经历了数百年的发展。埃丝特用一个故事向格鲁比讲述了城市发展的历史。

公元 950 年，巴尔塔萨·德·布莱希公爵修建了巴尔腾堡市，市里仅有一座小城堡和一些住宅。

300 年后，即 1250 年，巴尔腾堡发展成了规模更大的聚居点。城墙内的居民达到 300 人，大家几乎都靠捕鱼为生。水上贸易的范围不断扩大，交易场所和最早修建的街道都延伸至城墙以外。

1450 年，巴尔腾堡继续扩张，老城墙被拆除。人们在旧城墙的位置上修建了带城门的新防御工事和横跨河流的桥梁。这一年城里瘟疫肆虐，民不聊生。3000 人中，因瘟疫去世的人口达到三分之一。

接下来的数十年、数百年，城墙内的地区首先发展起来。人们修建了教堂，翻修了带城门的防御工事，以更新更大的住房取代了老房子。

1850 年，人们拆掉城墙，修建了一条环行公路。19 世纪蒸汽机车和铁路的发明，以及不久后的一系列电气发明彻底改变了世界。巴尔腾堡修建了市内第一座火车站，车站周围也出现了第一批工厂，人口开始大量增长。

1950 年，城市发生了彻底改变：人们修建了新的街区，周边的村庄被纳入了城市，成为行政区，交通也得到了快速发展。

城市的自然景观

公共空间和自然景观对城市而言非常重要。这一点格鲁比已经认识到了。他和梅汀在公园里散步。“格鲁比，你发现城市里有各式各样的自然景观吗？”他问道。“当然，”格鲁比

回答道，“这里有各种公园、花园、游乐场、运动场、露天游泳池、植物园或者动物园。墓地也是其中的一部分，是吗？”“没错。”梅汀答道。格鲁比又想到了一点：“如果一座城市建在湖边或河边，就有了河滩、滨江路、草地和游泳池；如果建在山上或树林里，人们就可以在那里玩耍、骑自行车或散步。”

城市里的野生动物

“对啊，你知道吗，城市里还有一些居民也喜欢大自然！猜猜都有谁？”梅汀问道。“啊，这个我知道！”格鲁比喊道，“你说的是动物们！”“没错！除了家养动物，城里还住着很多野生动物。不仅有各种各样的鸟，还有四条腿的动物，比如狐狸，它们有时候会靠近人类的住所，偷偷叼走垃圾；还有貂，它们喜欢咬电线；老鼠则随处可见；有时候甚至还能在住所附近撞见松鼠……

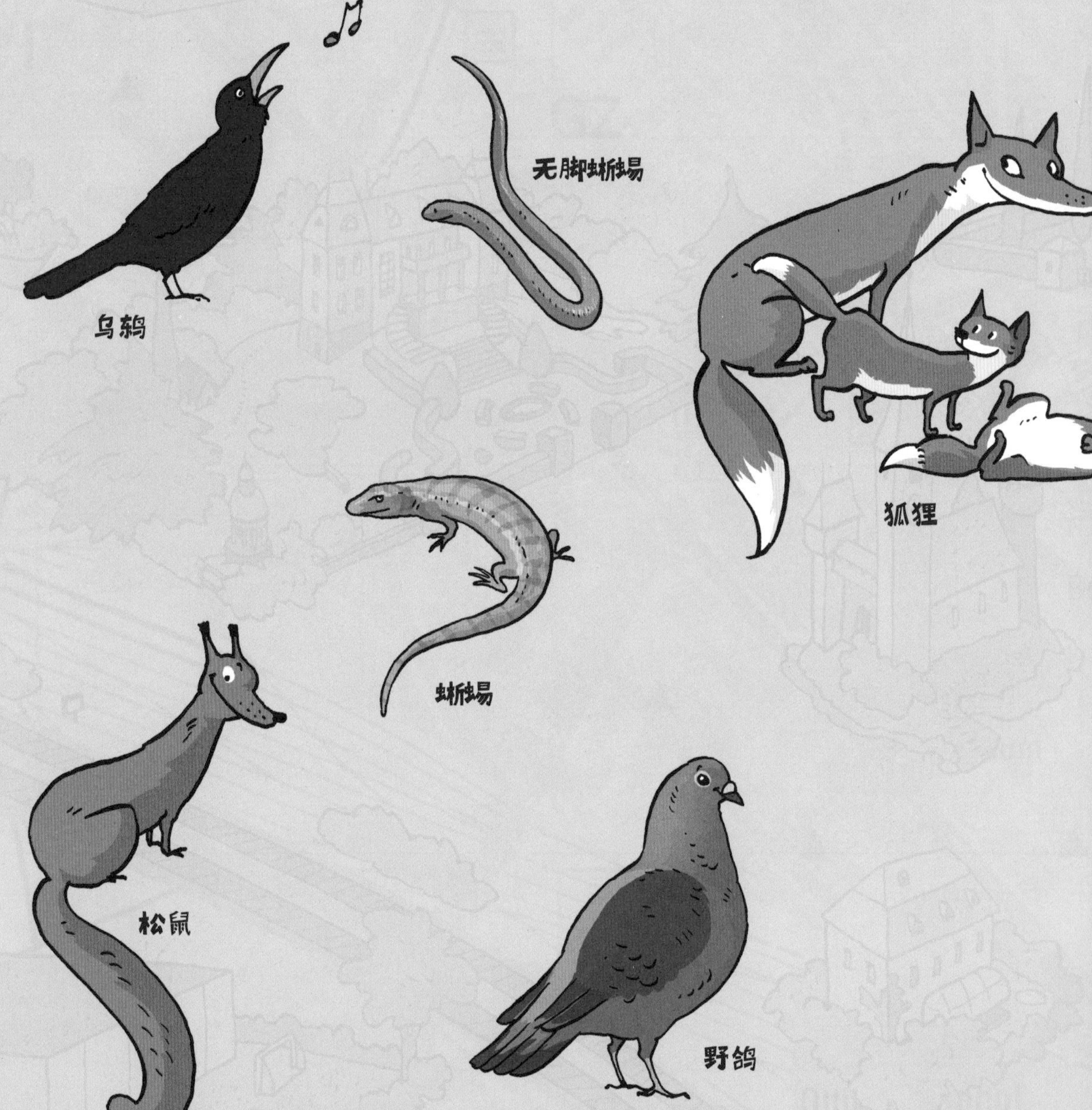

“一些生性害羞的野生动物，它们惧怕人类，喜欢藏在空荡荡的后院里、弯曲的屋顶上、废弃的烟囱中。

大老鼠

“在这些地方，它们不受天敌的干扰，可以安心抚养后代。人类的垃圾往往也成了它们获取食物的来源。

“对于昆虫和鸟类来说，它们在城市里生活甚至比在农村更加容易。这一点不仅仅适用于长期与人类共存的乌鸫、麻雀和鸽子，对乌鸦和海鸥来说同样如此。动物们的适应能力都很强。”

“是的，它们必须得这样，否则就很难活下来，对吧？”格鲁比说道，“人类与动物生活在同一个空间，真好呀！”

回到工地

上梁庆典结束后的几个月，教学楼又取得了一些进展。工人们安装了通风和取暖设施，教室的墙壁也刷好了，厨房和厕所修好了，大部分地方都铺上了地板。

教学楼某些房间需要安装一些特殊组件。埃丝特向格鲁比展示了她和同事为图书馆设计的书架，书架形状像一条蛇，蜿蜒排列在墙壁上。

“我们按照读者年龄对图书进行了分类。这里也有给小朋友看的绘本和玩具。图书馆将面向整个市区开放。”埃丝特继续解释道，“教室前面的衣柜和教室的柜子结构非常相似。老师和学生可以放自己的服饰。衣帽架用来悬挂外套和大衣，衣柜下方可以摆放鞋子。”

“我们尝试了各种方法来保持房间内部布置的协调，并选择了明亮温和的颜色来做功能区分。天花板和墙壁被刷成了白色，过道和礼堂的水泥地板是灰色，教室地板上铺着浅黄色的地毯，家具采用浅色实木材料。我们希望通过亮丽的色彩为孩子们打造一个愉悦、宁静的学习氛围。”格鲁比非常喜欢这里的一切，他由衷地羡慕在这里学习的孩子。

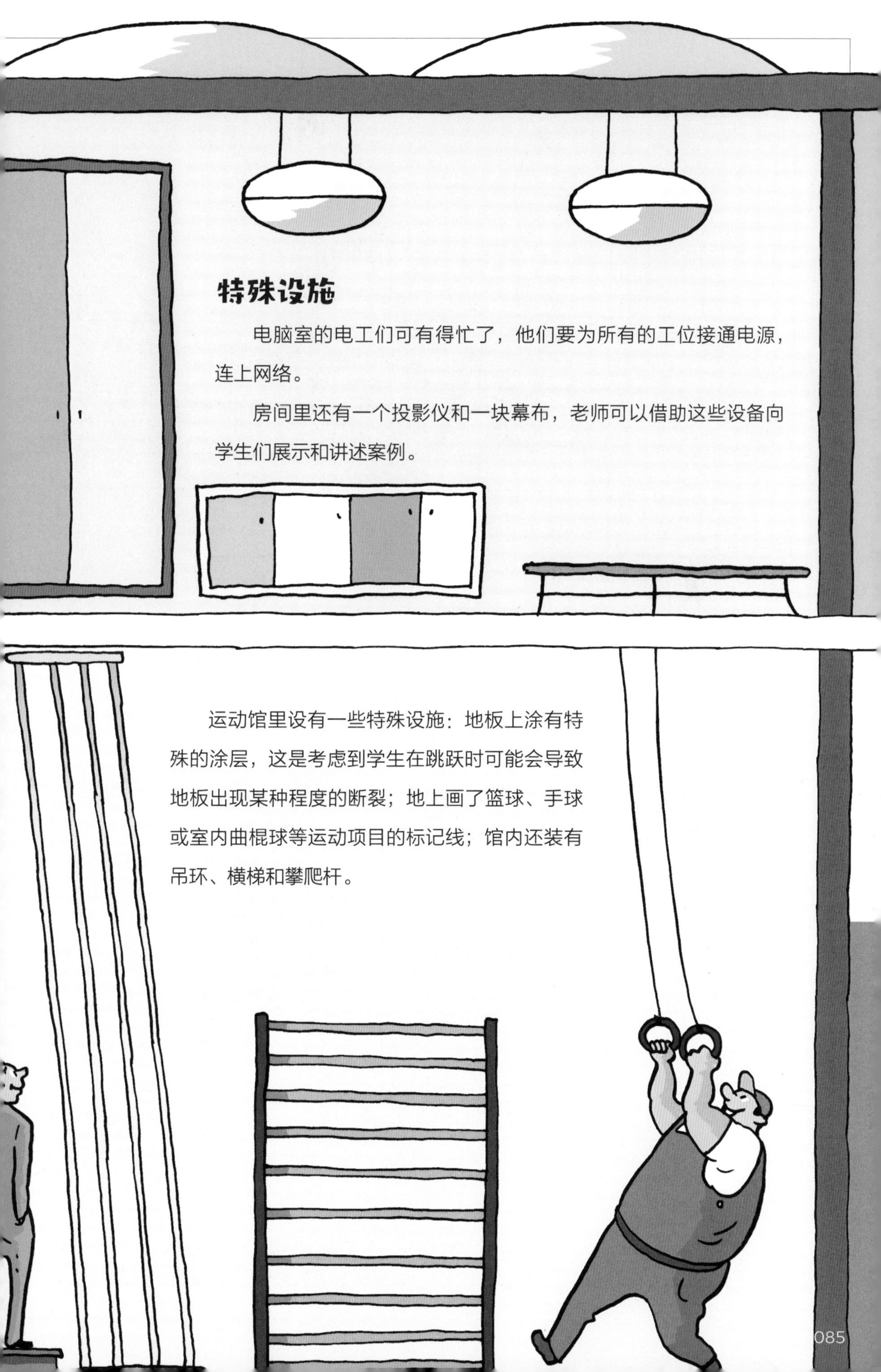

特殊设施

电脑室的电工们可有得忙了，他们要为所有的工位接通电源，连上网络。

房间里还有一个投影仪和一块幕布，老师可以借助这些设备向学生们展示和讲述案例。

运动馆里设有一些特殊设施：地板上涂有特殊的涂层，这是考虑到学生在跳跃时可能会导致地板出现某种程度的断裂；地上画了篮球、手球或室内曲棍球等运动项目的标记线；馆内还装有吊环、横梯和攀爬杆。

开荒清洁和交房

室内装修结束后，将由专业人员对房屋的墙壁、地板、门窗和家具等进行开荒清洁。此后建筑商和建筑师、施工经理、工头以及规划师等人在施工现场集合，从一个房间到另一个房间，绕房屋巡视一圈，仔细检查并给出一张整改清单，如：插座的位置错误、少门、地板污迹等。

若所有问题都整改完毕，大家会再次对房屋进行检验。保洁工作结束后，就可以交房了：相关人员会将包含房屋细节的的说明书和使用说明书的文件交给建筑商，最后再签署一份交房文件，文件规定房屋的质量保修期为两年。

周边区域

建筑师还要对教学楼的周边区域进行设计：大楼周围规划了一块小草坪，草坪上种有鲜花；道路用石板铺设，周围用栅栏围起来；操场上规划了爬梯、沙箱、足球场、篮球场等运动设施；最后还要设计垃圾箱摆放区域和垃圾回收点，并预留自行车停车场。

竣工典礼

一年时间过去了，新教学大楼于今天竣工，这是一件值得庆祝的事！格鲁比、埃丝特和她的同事们都受邀参观新教学楼。

大家一致认为教学楼的修建非常成功。格鲁比冲周围来来往往的学生喊道："嘿！你们太幸运啦！有这么漂亮的教学楼，我也愿意重回校园！"

已于几周前使用新教室的第一批学生也大声喊道："嘿，格鲁比，为了把竣工典礼变成节日，我们和老师想了各种方法！有你在太好了！"

学生乐队在音乐厅奏响音乐，拉开了典礼的序幕，紧接着由校长发表简短讲话，庆祝活动正式开始。地下室里有人打造了一辆幽灵列车，既恐怖又令人兴奋；手工课教室里有人在跳迪斯科；操场上正在进行骑自行车比赛和踩高跷挑战赛……前来一起庆祝的人很多，还包括附近的居民，大家都为新教学楼的落成感到高兴，他们在庆典中玩得很愉快。

给格鲁比的惊喜

埃丝特把格鲁比叫到一边。“给你看点儿东西！”她神秘地笑着“会是什么呢？”格鲁比很期待。

埃丝特走在前面，他俩来到操场后面。谜底揭晓了：“哒哒哒……哒！”原来埃丝特把格鲁比的设计图交给了园林建筑师，园林建筑师按照图纸建了一座格鲁比广场，即草坪台阶，孩子们课间可以在这里玩耍或休息。这正是格鲁比为格鲁比大厦前面的广场设计的台阶！格鲁比很高兴，内心满是自豪感。“太好了！”他喊道，“真是难忘的一天！”

看，孩子们已经在台阶上玩乐和锻炼身体，与格鲁比共同分享快乐的时光了。

著名建筑师

格鲁比通过拜访建筑师和城市规划师，了解了他们在建筑外观和城市设计方面发挥着哪些作用，以及对环境产生了哪些影响。几个世纪以来，杰出的建筑师们不断用设计理念和实践启发着后人，他们设计的建筑至今魅力不减。以下是建筑史上的一些重要名字：

圆厅别墅，
意大利维琴察

安德烈亚·帕拉第奥（Andrea Palladio），1508—1580 年

圣保罗大教堂，
英国伦敦

克里斯托弗·雷恩
（Christopher Wren），
1632—1723 年

塞姆佩尔歌剧院，德国德累斯顿

戈特弗里德·森佩尔（Gottfried Semper），
1803—1879 年

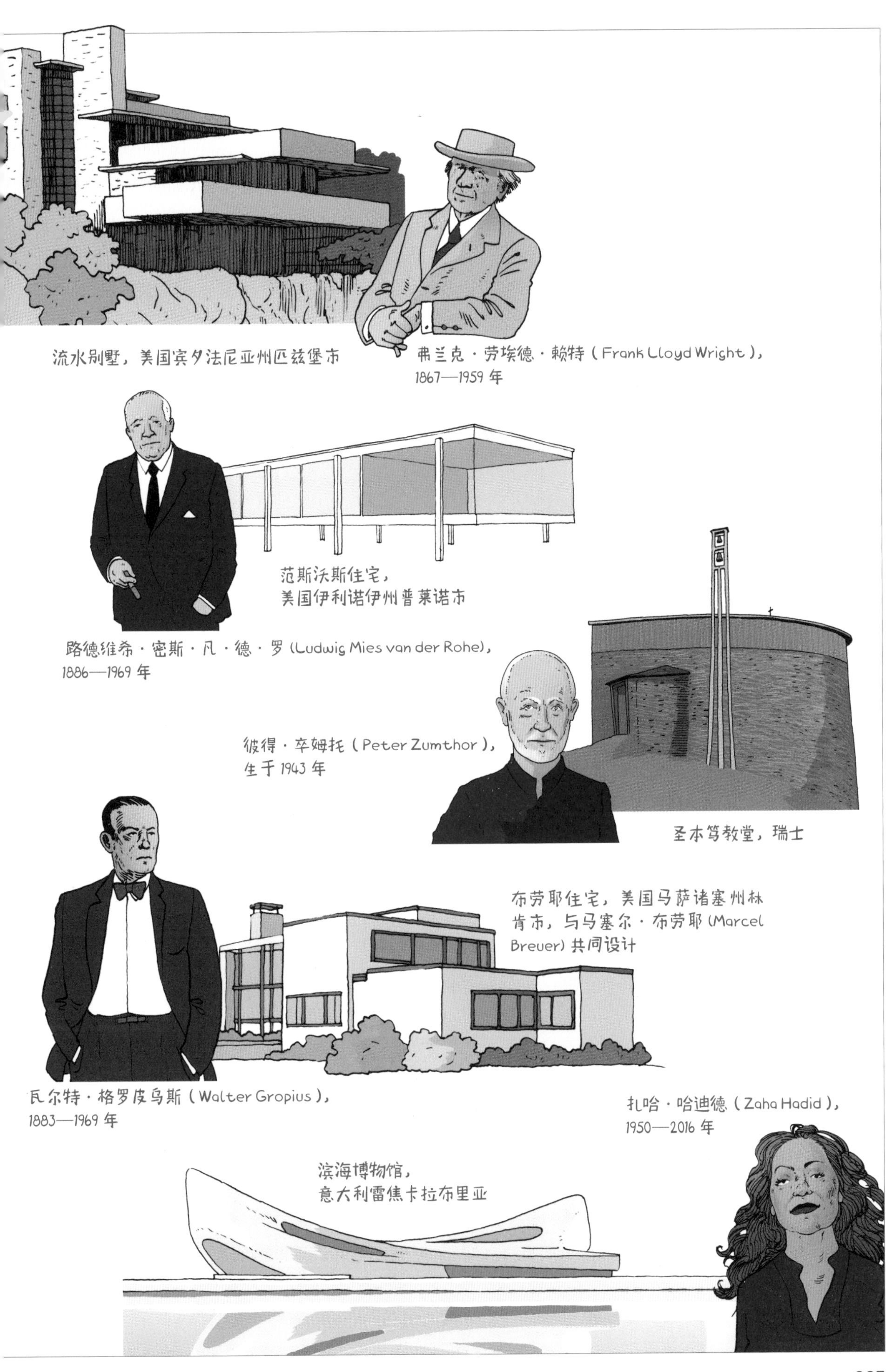
流水别墅，美国宾夕法尼亚州匹兹堡市
弗兰克·劳埃德·赖特（Frank Lloyd Wright），
1867—1959 年
范斯沃斯住宅，
美国伊利诺伊州普莱诺市
路德维希·密斯·凡·德·罗（Ludwig Mies van der Rohe），
1886—1969 年
彼得·卒姆托（Peter Zumthor），
生于 1943 年
圣本笃教堂，瑞士
布劳耶住宅，美国马萨诸塞州林
肯市，与马塞尔·布劳耶（Marcel
Breuer）共同设计
瓦尔特·格罗皮乌斯（Walter Gropius），
1883—1969 年
扎哈·哈迪德（Zaha Hadid），
1950—2016 年
滨海博物馆，
意大利雷焦卡拉布里亚

建筑风格

中世纪以来，欧洲的建筑风格一直在发生改变。建筑领域的新技术和新工艺，以及建筑商和建筑师的审美都在其中发挥着作用。各种建筑风格的界限日渐模糊，并陆续出现在不同地区。

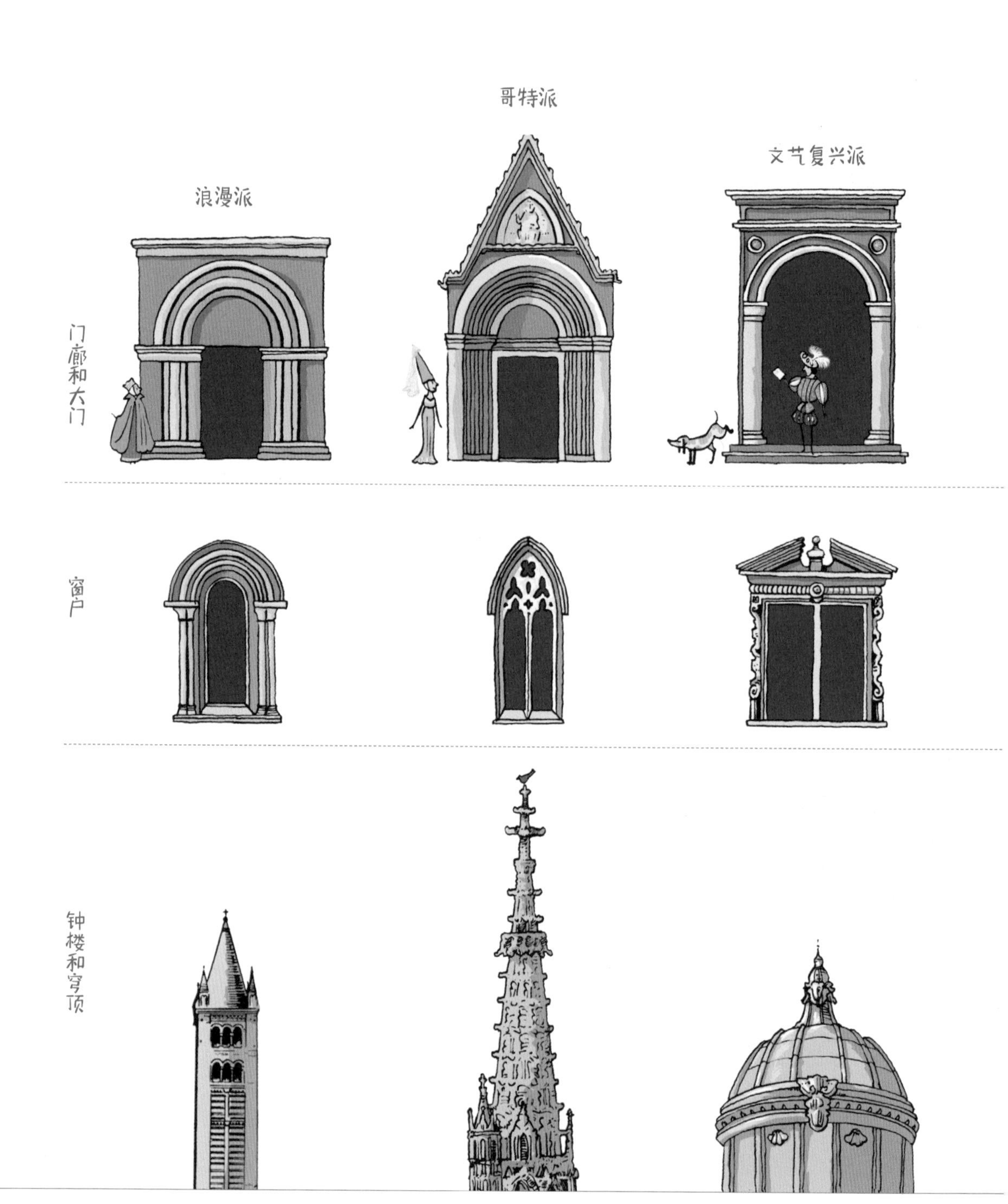

小知识：建筑风格

古希腊 约公元前 800 年至公元 50 年

古罗马 约公元前 500 年至公元 600 年

浪漫主义 约公元 1000 年至 1200 年

哥特式 约公元 1200 年至 1500 年

文艺复兴 约公元 1500 年至 1600 年

巴洛克 约公元 1600 年至 1800 年

古典主义 约公元 1750 年至 1850 年

现代主义 1900 年以来

各种建筑风格之间并没有严格的界限，在不同地区出现的时间也不一样。

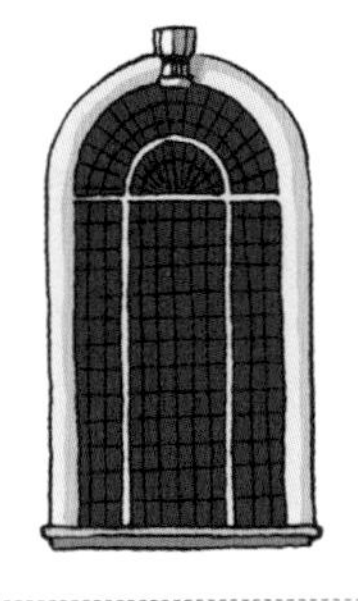

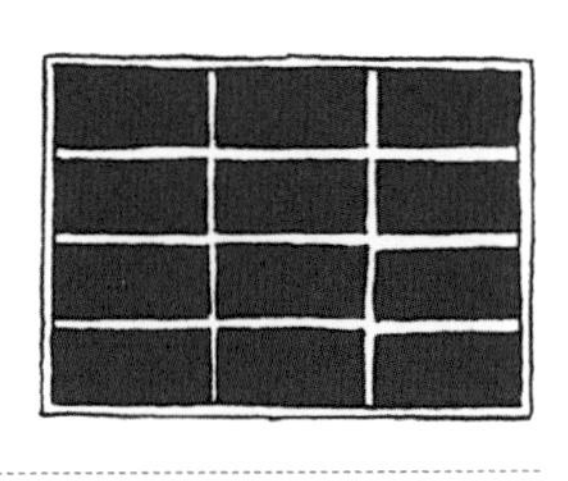

屋顶样式图解
陡坡屋顶
双坡屋顶
平屋顶
四坡屋顶
单坡屋顶
锯齿形屋顶
龙骨屋顶
洋葱式圆顶
复斜式屋顶

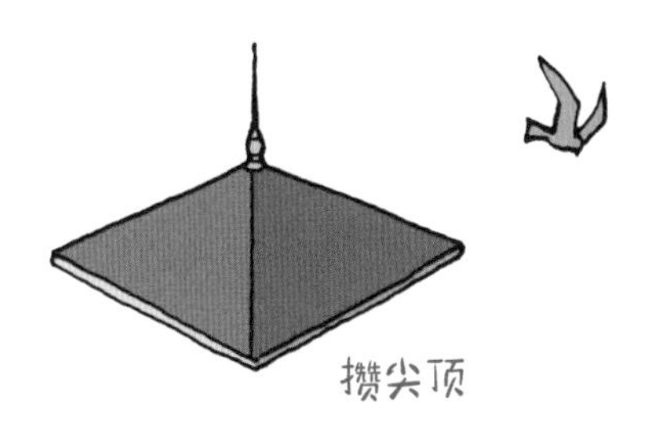

攒尖顶

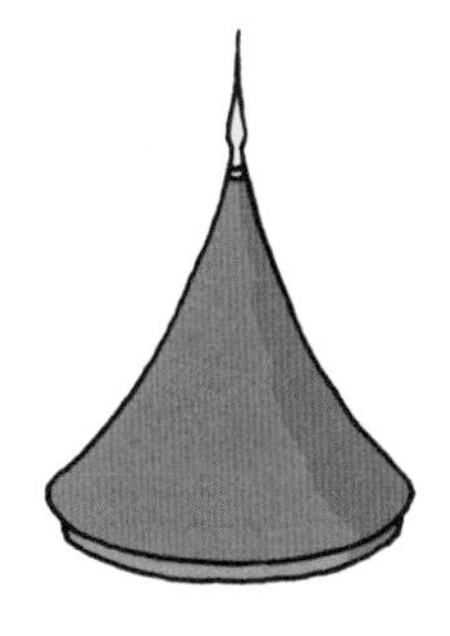

圆锥形屋顶

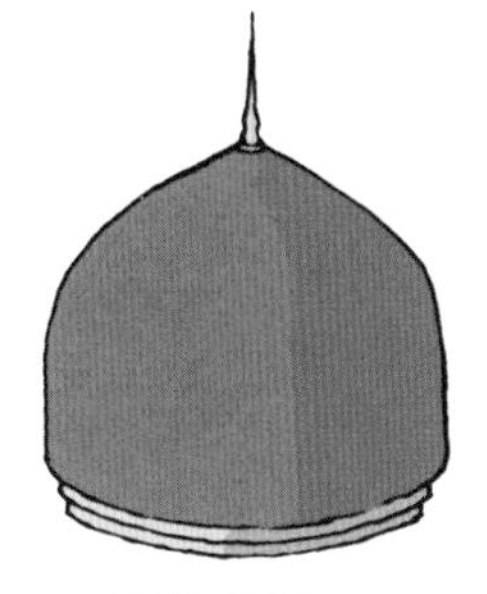

钟形屋顶

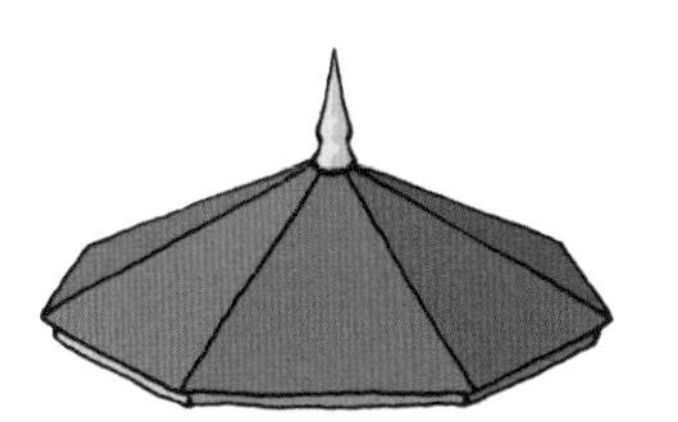

金字塔式屋顶

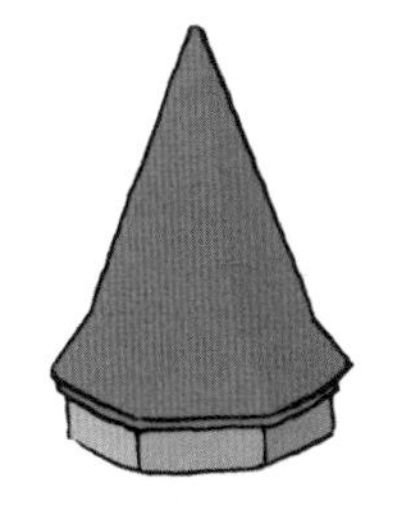

折叠式锥形屋顶

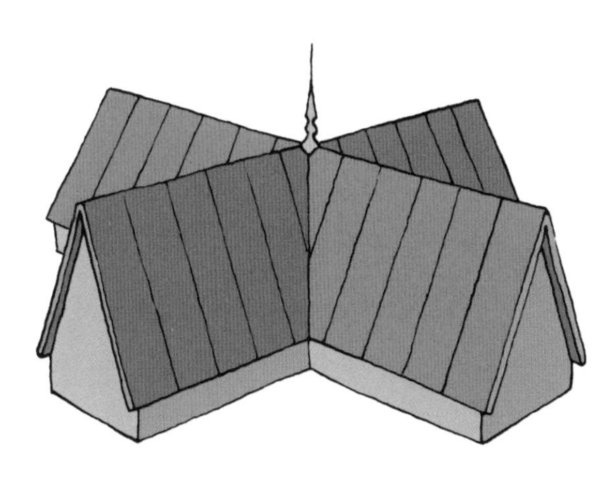

切割式坡屋顶

穹窿顶

新旧建筑风格的融合

许多位于阿尔卑斯山的老式木房、石头房和马厩，以及城堡和工厂都处于年久失修的状态。瑞士家园保护协会负责对它们进行修缮，其中就包括位于瓦莱州贝勒瓦尔德市的胡贝尔公寓。

胡贝尔公寓由两部分构成。保护协会修缮了保存较好的前厅，内室部分则完全新建，里面的设施非常现代化。新修部分的外部为明亮的木色，极具辨识度；地基由混凝土浇筑而成；原先铺在墙壁上的水平木板被垂直的板条替代。这样可以清晰看到哪些部分是原有的，哪些是后来修的。新建部分同原有建筑风格保持一致，这使得公寓保留了它原有的个性。

保护协会对原来的窗户也进行了翻修，内窗安装了隔离玻璃，可以保证取暖时不会有热气流失；厨房和卫生间都安装了现代化设施。

今天的游客身处胡贝尔公寓，可以感受到一种特别的氛围。虽然公寓的设施非常现代化，还提供热水，但仍不失为一座有故事的老房子。

格鲁比给大家出题了

亲爱的孩子们！
你们已经从书中了解了如何规划、修建和装修一座教学楼。现在何不就动手设计一座教学楼？教学楼的外观是什么样，内部有哪些必不可少的设施？你们可以将自己的想法画在纸上，或者把设计图寄给我。暗语是梦想的学校。期待收到你们的信件！
你们的格鲁比